U0929357

鹿鸣心理

[加] 罗伯特 · D. 黑尔（ROBERT D. HARE） 著

刘毅 译

重庆大学
出版社

谨以此纪念

我的父母：亨利、伊冯娜

姐姐：查梅因

女儿：谢里尔

作者注

心理变态是一种人格疾病，它被界定为一系列独特的行为以及由此衍生而出的大多遭到社会蔑视的人格特质。因此，诊断一个人是否患有心理变态事关重大。与其他任何心理疾病一样，诊断心理变态依据的是一些症状的综合表现，以及个体是否至少满足该疾病的最低标准。本书所提到的案例部分来自我本人记录的资料，这些案例中的当事人是我和我的团队在进行深入访谈和档案分析的基础上经仔细诊断后确认的心理变态。不过，为了保护这些当事人，在不影响表达的前提下，一些细节有所改动，并删除了身份信息。

尽管本书的主题是心理变态，但并非书中所描述的每个人都是心理变态者。书中提及的许多案例来自公开出版的报道、媒体新闻以及个人信件，我并不能确定这些案例中的当事人一定是心理变态者，即使这些人已经被贴上了心理变态的标签。不过，在每个案例中，与个体某些行为有关的资料、证据要么与心理变态的概念相一致，要么个体表现出了心理变态的某种重要特质或行为。这些人也许是心理变态者，也许不是。但是报告所展现出来的行为有助于我们更加清楚地了解那些用以界定心理变态的各种特点和行为。需要注意的是，读者不应该仅仅因为某人的情况或背景与书中的描述相符而认为他或她就是心理变态者。

前言与致谢

心理变态者是社会中的掠夺者，他们充满魅力、善于操纵，在人生的前进道路上横冲直撞，却在身后留下了一连串伤心破碎的心灵、完全幻灭的期望和空空如也的钱包。他们良知泯灭，对他人冷酷无情，只为一己之私而任意妄为，肆意破坏社会规则和期望，却毫不内疚悔恨。只留下无所适从的受害者们绝望无助地问："这些人到底是谁？""他们为什么会变成这样？""我们怎样才能保护自己？"虽然一百多年以来，这些问题以及其他相关问题一直是临床考察和实证研究的焦点——本人已从事相关研究三十余年，但是直到最近几十年，心理变态的神秘面纱才渐渐被揭开，显露真颜。

在同意撰写本书时，我就知道，要想以公众能够理解的方式来呈现确凿有力的科学数据和仔细慎重的研究结果是颇为困难的。我原本可以舒适自在地躲在学术的象牙塔里，与其他研究者私下进行探讨，写写专业书籍和论文。然而，近年来心理变态者对公众所实施的阴谋和进行的掠夺的报道急剧增多。新闻媒体的报道中随处充斥着大量的暴力犯罪、金融丑闻和伤害公众信任的案件。不计其数的电影和书籍都述说着关于连环杀手、行骗老手和团伙罪犯的故事。尽管在他们当中，有许多人的确属于心理变态者，但其他人却并非如此，而新闻媒体、娱乐产业和普通大众却往往忽视了这一重要区别。甚至犯罪司法系统中的相关人员——律师、司法精神病学家、心理学家、社会工作者、假释工作人员、执法人员和改造人员——在实践中面对这种人时通常也没有多少鉴别力，尽管日常工作中他们经常与心理变态者打交道。正如本书所揭示的那样：无法区分罪犯中哪些是心理变态者对社会造成了可怕的影响。就个人层面而言，你极有可能会在生命的某一时刻痛苦地遭遇心理变态者。出于对自己的身心幸福和财产安全考虑，知道如何鉴别心理变态者、如何保护自己、如何使自己遭受的伤害最小化极为重要。

对于缺乏行为科学相关知识背景的读者来说，大多数有关心理变态的科学文献技术性太强，过于抽象，并且晦涩难懂。我的目的就是翻译这些文献，使其通俗易懂，这不仅对于一般公众，而且对于犯罪司法系统和心理健康机构的工作人员来说都有帮助。我努力使理论问题和研究结果不过于简单化，或者对我们已知的内容夸大其词，我希望由此激发起读者的兴趣。

本书中所流露出的科学观点反映了我在实验心理学和认知心理生理学方面的背景。有些读者可能会很失望地看到，我并没有过多地讨论心理动力学方面的问题，例如无意识过程和冲突、防御机制，诸如此类。虽然在过去50年中，围绕心理变态的心理动力学解释，已经出版了许多著作和数以百计的文章，但是在我看来，它们对我们了解心理变态帮助不大。在很大程度上，这是因为大多数对心理变态的心理动力学解释都流于空想，并且通常陷入循环论证，因而不具有实证研究的可能性。尽管如此，近来已经出现了一些尝试，试图在心理变态的心理动力学假设与行为科学的理论和过程之间寻求一种一致性。这一工作的某些结果非常有趣，本书相关部分对此也进行了讨论。

多年以来，我有幸拥有源源不断的优秀研究生和助手。我们的关系通常是互惠互利的：我提供指导和有利的环境，而他们提供新思路、创造性的“火花”，以及使实验室保持活力和高产所需要的热忱。研究生的名字常常出现在我的实验室发表的成果中，从中可以看出他们的杰出贡献。我尤其要感谢斯蒂芬・哈特、阿德尔・福思、蒂莫西・哈珀、谢利・威廉森和布兰达・吉尔斯多姆，他们每个人在我过去10年的思考和研究中都起到了重要作用。

我们的研究受到了加拿大医疗研究委员会、麦克阿瑟心理健康与法律研究网和不列颠哥伦比亚健康研究基金的资助。本研究大多是在加拿大改造中心所辖的研究机构中进行的。衷心感谢这些研究机构中的服刑人员与工作人员的大力支持。为了保护参与研究的服刑人员的身份信息，我对特定案例的细节进行了改动，或者将几个案例合并了起来。

在此我要感谢朱迪斯·里根对本书撰写工作的鼓励，还有苏珊娜·利普塞特，是她教会了我如何用通俗易懂的方式来呈现专业文献。

我的女儿与姐姐的勇气、果断和仁慈极大地影响了我的人生观。我尤其要感谢既是我的妻子同时也是我最好的朋友的埃夫丽尔，尽管她自己的工作也需要投入巨大精力，但是她仍然在百忙之中抽出时间和精力积极支持、鼓励我的工作。她的热情、判断力与临床敏锐性使我多年来备感快乐、安全和清醒。

绪论 问题

第1章 “遭遇”心理变态者

第2章 聚焦画面

第3章 档案：情感与关系

第4章 档案：生活方式

第5章 内部控制：缺失的部分

第6章 犯罪：合乎逻辑的选择

第7章 白领心理变态者

第8章 言不由衷

第9章 网中之鱼

第10章 问题的根源

第11章 标签的伦理问题

第12章 我们能够做些什么？

第13章 保全之策

结语

绪　论

问　题

好人很少会疑神疑鬼：他们难以想象其他人会做出自己无法做出的事情来；通常他们会接受将平淡无奇的解决之道作为正确之法，从而使事情尘埃落定。那么同样，正常人常常会认为心理变态者的外表如同他们的内心一样可怕，但是如果他们能够了解真相，就会发现事实并非如此……比起他们那些完全正常的兄弟姐妹，实际上这些恶魔在现实生活中的行为举止常常看上去更加正常；他们显得格外道貌岸然——就如现实生活中真的玫瑰花苞或桃子，也许没有塑料的玫瑰花苞或桃子那样赏心悦目。

——威廉·马奇，《天生坏胚》

几年以前，我和两位研究生联合向某学术杂志投递了一篇论文。该论文描述了一个实验，在研究中我们使用了生物医学记录仪，记录了几组成年男性在完成一项语言任务时的脑电活动情况。该活动以一系列电波的形式记录在记录纸上，称为脑电波（EEG）。遗憾的是，编辑退回了我们的稿件。他所告知的原因是："坦率地说，我们发现论文中所描述的某种脑电波模式非常怪异。人类不可能有这样的脑电波。”

我们记录下来的一些脑电波的确很奇怪，不过它们并非来自异类，当然也不会是凭空捏造的。它们是我们从每个种族、文化、社会和行业中的一些个体身上所收集到的。每个人都曾经遇到过这些人，受其蒙骗或操控，最后不得不承受或收拾他们留下的烂摊子。这些人通常魅力十足——但总是给人致命的伤害，在临床上他们被称为心理变态者。他们的特征就是丧尽天良；他们的游戏就是自己逍遥自在，而让其他人为其埋单。许多人身陷囹圄，但许多人却并非如此。他们毫无例外地都是索取远远多于付出。

本书直接剖析了心理变态者，并提出了“其本质是什么”这一令人困扰的问题——对于社会而言，它是令人惊愕的、黑暗重重的一团迷雾。历经几个世纪的思索与几十年的心理学实证研究，这团迷雾终于渐渐散开。

让我来告诉大家我们所面临的问题有多么大，想想看北美至少有2 000 000个心理变态者；纽约市的居民中有100 000个心理变态者。这些数字还只是保守估计。心理变态远远不只是一个仅仅影响少数人的、深奥而孤立的问题，实际上它与我们每个人都密切相关。

再想想看，心理变态在我们社会中的普遍程度与精神分裂症不相上下，而精神分裂症作为一种颇具破坏性的心理疾病，对患者及其家庭都带来了撕心裂肺的痛苦。尽管如此，比起心理变态者对个人、社会、经济所造成的巨大危害，精神分裂症所带来的个人痛苦和伤害就算不上什么了。心理变态者撒下了天罗地网，几乎每个人都可能以这样或那样的方式受困于网中。

心理变态最显而易见的一种表现方式——然而绝非是唯一方式——就是对社会法则的公然违背。毫不奇怪，许多心理变态者是犯罪者，但是他们中很多人却未遭囚禁，他们通过迷人的外表与善变无常对社会造成巨大破坏，并在身后留下饱受摧残的心灵。

从整体来看，这些令人迷惑不解的碎片组成了一个以自我为中心的、冷酷无情的个体形象，他们缺乏同理心，无法与他人建立温暖的情感联系，行为处事丝毫不受良心的制约。如果仔细想想，你就会发现这幅画像缺少一些品质，而这些品质是人类在社会中和谐相处所必须具备的。

这是一幅并不美好的图像，有人甚至怀疑这些人是否真的存在。要消除这种质疑，你只需要想想那些更富有戏剧性的心理变态事例，而近年来在我们的社会中这些事例一直都是与日俱增的。许许多多的书籍杂志、影视节目，以及数以百计的报刊文章和头版头条都在述说着一个故事：在媒体描述的人物中，心理变态者占据了重要的组成部分——连环杀人犯、强奸犯、盗贼、骗子、虐妻狂、白领罪犯、瞒天过海的股票经纪人、“锅炉房”工作者、虐童狂、黑帮成员、被吊销执照的律师、吸毒男爵、职业赌徒、团伙罪犯、被吊销执照的医生、恐怖分子、唯利是图者、肆无忌惮的商人。

如果从这个角度来读报纸，那么这一问题的严重程度实际上已经不可忽视了。最具有戏剧性的是那些冷血无情、丧尽天良的杀人犯，他们既让公众痛恨，又让公众着迷。看看以下这些报道吧，它们还只是从数以百计的新闻描述中选取出的一小部分样本。

- 约翰·盖斯，来自伊利诺伊州德斯普兰斯市的一名承包商，曾被评为青年商会“年度人物”，以“狂潮小丑”的身份深受孩子们的喜爱，还曾与卡特总统的妻子罗萨琳合过影，却在20世纪70年代谋杀了32名年轻男子，并把他们大多数掩埋在自家房屋的地下室里。
- 查尔斯·索布莱，一个出生于西贡的法国人，从小就被父亲称为“捣蛋分子”，长大后成了国际诈骗犯、走私犯、赌徒、杀人犯，活跃于20世纪70年代东南亚的大部分地区，身后留下了一连串空空如也的钱包、无所适从的女性、酩酊大醉的游客和尸体。
- 杰弗里·麦克唐纳，一个头戴“绿色贝雷帽”（译者注：美国陆军特种部队的别称）的物理学家，在1970年杀害了自己的妻子和两个孩子，却宣称是“服用迷幻药后”犯下的这些罪行。他引起了许多媒体的关注，并以他为题材出版了名为《致命幻影》的小说与电影。
- 加里·蒂森，已被宣判有罪的杀人犯，将犯罪司法系统玩弄于股掌之间，在3个儿子的协助下，1978年从亚利桑那州的一所监狱中脱逃，继续进行凶残的杀人游戏，夺走了6个人的生命。

• 肯尼思 · 比安基，“山坡扼杀者”之一，20世纪70年代后期在洛杉矶强奸、摧残、杀害了12名女性，他揭发了自己的表兄和同谋（安杰洛 · 布诺），并哄骗专家们相信他具有多重人格，是“史蒂夫”犯下的这些罪行。

• 理查德 · 拉米雷斯，以“黑夜幽灵”而著称，崇拜撒旦的连环杀人犯，他自称是“魔鬼”并引以为豪，在1987年被判定为13宗命案的凶手以及其他30项重罪的案犯，包括抢劫、盗窃、强奸、鸡奸、口交和杀人未遂。

• 戴安 · 唐斯，为了讨好一个不想要孩子的男人，她枪杀了自己的孩子，并宣称自己才是真正的受害者。

• 泰德 · 邦迪，“全美”连环杀人犯，在20世纪70年代中期所发生的几十起年轻女性遇害案中，他都是元凶，他宣称自己阅读了太多的色情作品，一种“邪恶的东西”夺走了他的意识，最终在佛罗里达被处死。

• 克利福德 · 奥尔森，加拿大连环杀人犯，他说服政府支付给自己100 000美元，以告诉当局他把年轻受害者们埋葬在何处，并竭尽所能成为万众瞩目的焦点。

• 乔 · 亨特，口若悬河的操纵者，20世纪80年代早期他在洛杉矶策划了一个诈骗富家子弟的投资项目（称为“亿万富翁之子俱乐部”），对有钱人花言巧语以骗取他们的钱财，并涉嫌两宗谋杀案。

• 威廉 · 布拉德菲尔德，一位口若悬河的古希腊文学教师，他被判杀害了一名女同事和她的两个孩子。

● 肯·麦克尔罗伊，他多年来“抢劫、强奸、火烧、枪击……和残害密苏里州斯基德摩尔镇的居民，丧尽天良，冷血无情”。直至1981年，45人亲眼看见他被击毙。

● 科林·皮奇弗克，号称英国的“神出鬼没者”，是第一个凭借DNA证据而被宣判的杀人犯。

● 肯尼思·泰勒，流连于“花丛”中的新泽西牙医，他抛弃了第一任妻子，试图谋杀第二任妻子，1983年蜜月期间就残暴地殴打第三任妻子，第二年将她殴打致死，并在拜访他自己的父母和第二任妻子时将尸体藏在汽车后备厢中。后来他宣称，她在性虐待他们襁褓中的孩子时被自己发现了，随后她对自己进行了攻击，而他是在正当防卫中才杀了她。

● 康斯坦丁·帕斯帕拉克斯和戴德丽·亨特，他们拍摄下了折磨和杀害一名青年男子的全过程，现正在等待执行死刑。

这一类人以及他们所犯下的令人发指的罪行当然会引起我们的关注。有时候他们与林林总总的杀人犯和众多的凶手一起成为舆论的焦点，而他们犯下的凶残至极、令人难以置信的罪行似乎与严重的心理问题有关——例如，埃德·盖恩，一名患有精神病的杀人犯，他剥下了受害人的皮后吃了他们；埃蒙德·恳珀，“女学生杀手”、性虐待狂和恋尸狂，将受害人肢解分尸；戴维·伯科威茨，自称“山姆之子”，专门袭击停泊车中的年轻夫妇；杰弗里·达莫，“密尔沃基怪魔”，折磨、杀害和残害了15名男性和儿童，被判入狱服刑15年。尽管这些杀人犯通常被判定为神志清醒——正如恳珀、伯科威茨和达莫那样，但是他们那些无以言表的行为、荒诞怪异的性想象以及对力量、折磨和死亡的沉醉着迷，都对“神志清醒”的界定提出了严峻挑战。

尽管如此，根据广为接受的法律和精神病标准，心理变态杀人犯并不是疯子。他们的行为并非源自精神狂乱，而是出于冷静、有条理的理性和某种能力的缺乏，即不能将他人视为有思想、有感情的人类。这种道德上难以理解的行为在一个似乎正常的个体身上表现了出来，这让我们感到无所适从、惶然无助。

虽然令人困惑，但我们必须保持谨慎态度，因为事实上大多数心理变态者会尽量在不夺人性命的情况下达到目的。如果过度关注其行为中残忍野蛮、最具新闻价值的那些方面，我们就可能会对多数情况视而不见：并未残害性命但对我们的日常生活造成了个人影响的那些心理变态者。比起丧命于目露凶光的杀人犯之手，更有可能的是，我们被花言巧语的骗子骗尽一生积蓄。

无论如何，记载详细的案例极具价值。案例的详尽记录警示我们这类人的存在，而他们在被绳之以法之前，是与我们的亲人、邻居或同事无异的。这些案例同样还说明了一个令人害怕却又令人费解的主题，而它贯穿于所有心理变态者的案例史：极其缺乏一种关注他人身心痛苦的能力——简而言之，完全缺乏同理心，即爱的先决条件。

为了尽可能地去解释这种缺乏，我们首先来看看家庭背景，虽然这对我们帮助不大。的确，某些心理变态者的童年特征是生活贫困，缺乏爱与关怀，饱受虐待，然而并不是每个心理变态者都有不良的家庭背景，还有一些人的家庭生活显然温暖而富足，他们的兄弟姐妹都很正常，富有良知，能够对他人产生深切的同理心。除此之外，还有大多数经历了悲惨童年的人长大成人之后，并没有成为心理变态者或者麻木不仁的杀人犯。正如在人类发展的其他领域可能表明的那样，曾遭受虐待和暴力的儿童长大成人之后，是否也会具有虐待和暴力倾向的争论在这里并无太大意义。对于心理变态者出现的原因与过程，有一些更深层的、更难以捉摸的解释。本书展现了我三十余年来对这些问题的研究和探索。

该问题的主要部分在于，提出一种准确的方式来鉴别我们身边的心理变态者。因为如果无法鉴别出他们，那么我们注定会成为待宰羔羊，个体与社会皆是如此。仅举一例，一个司空见惯但令多数人困惑不解的例子：一个被判入狱的杀人犯刚获假释，立即又犯下另一宗暴力犯罪。他们难以置信地问道："这种人为什么会获得释放？"毋庸置疑的是，如果知道了以下事实，他们会由困惑不解变成怒火中烧：很多案例中的罪犯是心理变态者，如果专家、权威们——包括假释委员会——认真地履行了自己的职责，那么他们就能够对其屡教不改的暴力行为进行预测。我希望本书能够帮助普通民众和犯罪司法系统更加深刻地认识到心理变态的本质，以及它所引发的大量问题，并能够采取措施以降低它对我们的生活造成的破坏性影响。

第1章

“遭遇”心理变态者

> 我能看见暗红的血从哈米的嘴里缓缓流出来，顺着床单流向她位于赫德身下的部分。我一动不动，也没有眨眼，但是随后赫德站起身来对我咧嘴笑了笑，他正在扣紧自己的深红色皮带。“她难道不是个甜地瓜吗？”他说道。他吹起口哨，开始把裤腿塞进红色的羊皮靴子中。哈米朝着墙蜷曲着……
>
> ——拉里·麦克默蒂，《原野铁汉》

多年以来我已经习惯了以下情境：餐桌上的朋友礼貌地问及我的工作，于是我简短地概括了一下心理变态者独特的人格特点。无一例外的是，餐桌上的某个人会突然看上去像是陷入了沉思，随后就会惊叫起来：“天哪——我觉得谁谁肯定是……”或者“你知道吗？我以前从来没有意识到过，但是你刚刚形容的那个人简直就是我姐夫。”

这些值得深思、令人不安的回答并不仅限于社交场合。读者们会打电话到实验室，向我形容自己的丈夫、孩子、老板，或者某个朋友，这些人令人费解的行为使他们多年来深陷于痛苦之中。

没有什么比这些现实生活中给我们带来失望或绝望的故事更加令人信服，它表明了我们是多么迫切地需要对心理变态进行辨别和反思。本章的三个故事开辟了一条捷径，它通往这门陌生而令人兴奋的学科，它传递出的一种独特感受是“这儿有些不对劲，但我却无能为力”。

其中一个案例来自监狱服刑人员，多数心理变态研究都是在那儿进行的（出于实践方面的原因，监狱中有许多心理变态者，而他们的诊断信息也是现成的）。

另外两个案例来自日常生活，因为不只是在监狱服刑人员中才找得到心理变态者。父母、孩子、配偶、恋人、同事，以及无处不在的不幸受害者们此刻都在试图解开心理变态者给他们带来的困惑和不解，并且努力找出他们行为背后的原因。有些人可能会从这些案例中发现，他们和那些折磨得你如同置身地狱的人之间存在着可怕的相似之处。

雷

20世纪60年代早期我获得心理学硕士学位后，找了份工作养家糊口，并为继续深造积攒学费。从未去过监狱的我受雇成为不列颠哥伦比亚监狱唯一的心理学家。

我并没有心理学的实际工作经验，对临床心理学或犯罪问题也没有什么特别的兴趣。在温哥华附近警戒级别最高的监狱中，关押着那些我只在媒体上听说过的各种罪犯。可以说，我对此完全一窍不通。

我就这么懵懵懂懂地开始工作了——没有任何培训，也没有指导老师告诉我监狱心理学家应该怎样开展工作。第一天我和监狱长以及其他管理人员见了面，他们都身穿制服，有些人甚至还佩带了枪支。监狱实行军事化管理，相应地依照规定，我也要穿上“制服”：蓝色男式运动上衣、灰色法兰绒裤子和黑皮鞋。我想说服监狱长我并不需要那些行头，但是他坚持认为，至少我得有一套由监狱服装店特别定制的衣服，于是我被带去量尺寸。

但做出来的衣服预示着这里并不像看上去那么井然有序：夹克的袖子太短，两条裤腿的长度相差太多让我显得十分滑稽，两只鞋子的大小也不一样。我觉得鞋子的问题尤其令人费解，因为给我量脚的服刑人员非常细心地在一张棕色纸上把它们勾画了出来。真令人难以想象，在我的连声抱怨中，他竟然还能做出两只大小完全不同的鞋子来。我只能猜测他是在向我传递某种信息。

我的第一个工作日就不太平。我看到了自己的办公室，它位于监狱顶层的一个巨大空间，与我所期望的那种私密的、有利于建立信任感的小房间大相径庭。我与这个机构的其他地方隔绝开来，必须穿过好几道带锁的大门才能到达自己的办公室。在我办公桌上方的墙上有一个极其显眼的红色按钮。一个完全不知道心理学家要在监狱里干什么的警卫——和我一样无知——告诉我这是报警按钮，但是就算按下它，也别指望救援人员能够及时赶到。

我的前任心理学家在办公室里留下了一个小型图书馆，其中有许多关于心理测试的书籍，例如《罗夏墨迹测验》（*Rorschach Ink Blot Test*）和《主题统觉测验》（*Thematic Apperception Test*）。我对这些测验略知一二但从未使用过，所以这些书——还有监狱里为数不多的让我觉得熟悉的一些东西——使我加倍感觉到，自己的日子不会好过。

在办公室里待了还不到一个小时，我的第一个“来访者”就来了。他是个又高又瘦、三十多岁的黑发男人。他周围的空气似乎都在颤动，他和我的眼神接触是如此直接而强烈，以至于我都怀疑自己以前是否真正注视过别人。那种注视冷漠无情——他并没有像大多数人那样只是短暂注视后就看向别处，从而使其注视不那么咄咄逼人。

还没等我开口进行自我介绍，这名服刑人员——我称其为“雷”——就首先说话了：“嘿，医生，最近怎么样？瞧，我有麻烦了。我需要你的帮助。我真的很想和你谈谈。”

出于渴望成为一名真正的心理治疗师，我让他谈谈是怎么回事。他的回答却是掏出了一把小刀在我面前挥舞，与此同时，他一直在微笑并保持着那种咄咄逼人的眼神。我的第一念头就是去按身后的那个红色按钮，但是这一切都在雷的眼皮底下，而我这样做的目的也就暴露无遗了。也许是因为我觉得他只是在试探我，或者也许是因为我知道，如果他真的想伤害我，就算按下按钮也于事无补，所以我就待在原地保持不动。

确定了我不会去按那个按钮后，他解释说自己并不是想用这把刀对付我，而是要对付另外一名服刑人员，那个人向自己的“被保护者”献媚。在监狱中，“被保护者”特指同性恋伙伴中处于被动的一方。尽管一下子没有明白他为什么要告诉我这个，但是我马上就猜到了，他是在试探我究竟是个什么样的监狱工作人员。如果我对管理部门只字不提这次事件，那么我就违反了监狱的一条严格制度，即要求工作人员对任何私藏武器者都要及时上报。另一方面，我知道如果我上报了这件事，那么他就会传话出去，说我不是一个为服刑人员着想的心理学家，这样我的工作开展起来就会更加困难。在随后的几次交谈中，他不止一次地述说着自己的“困扰”，而我对刀的事情则保持了沉默。让我大松一口气的是，他没有去捅那名服刑人员，但是很快我就发现，自己显然掉进了他的圈套：我使自己看上去像一个容易上当受骗的人，为了与服刑人员建立“专业的”融洽关系，会对明显违反监狱基本制度的行为睁一只眼闭一只眼。

自从第一次会面后，雷就想方设法让我在监狱工作的8个月里苦不堪言。他不断地要求见我，无休止地企图利用我为他办事。有一次，他说服了我相信他可以成为一名好厨师——他觉得自己天生爱好烹饪，认为自己刑满释放后可以当厨师，他很想尝试自己的各种想法，希望改善监狱的饮食条件，等等——于是在我的支持下，他调出了机械车间（很明显之前他在那儿制作了那把刀）。令我没有想到的是，厨房里有白糖、土豆、水果以及其他可以制造酒精的原料。就在我举荐调动之后的几个月，监狱长餐桌下的地板发生了大爆炸。骚动平息以后，我们在地板下面发现了一个精心设计的酒精蒸馏装置。由于出现了故障，其中一个罐子爆炸了。在这个警戒级别最高的监狱里，出现一个蒸馏装置本来已经不寻常了，这么胆大妄为地把它放在监狱长的座位下面，更让许多人都大吃一惊。查出雷是这起事件幕后操作的核心人物之后，他被单独禁闭了一段时间。

刚刚从禁闭室里释放出来，雷就若无其事地出现在了我的办公室里，要求从厨房调到汽车车间——他真的觉得自己有技术，认为自己需要为出狱后的生活做准备，只要他有时间多实践一下，出去以后就能够开一家自己的店铺……虽然对他的上一次调动依然心有余悸，但是最终我还是向他妥协了。

不久之后，我决定离开监狱去攻读心理学博士学位。大约在我离开前的一个月，雷几乎说服了我去找自己当房屋承包商的父亲，给他提供一份工作来作为申请假释的部分条件。当我向一些监狱工作人员提起这些时，他们大笑不已。他们太了解雷了，都曾经被他洗心革面的想法和计划欺骗过，渐渐地他们已经习惯了对他报以怀疑的态度。不过都是成见吧？我当时是这么想的。但是事实表明，他们对雷的认识了解要比我深刻得多——尽管我是干这一行的。由于常年与雷这样的人打交道，他们已经具有了敏锐的洞察力。

雷凭借炉火纯青的骗人本事，不光是我，所有人都会上他的当。他可以不假思索地侃侃而谈，谎话连篇，有时候就连经验最丰富、最老到的监狱工作人员都会暂时放松警惕。当我遇见他时，他已经罪行累累（并且事实证明，他还将继续作恶多端）。他成人后的一半光阴都在监狱中度过，而且许多罪行都是暴力犯罪。然而他还是说服了我，以及那些比我经验更丰富的人，使我们都相信他会洗心革面，相信他对犯罪的兴趣已经完全被其他的爱好所代替——例如烹饪、机械，任何你能说出来的东西。他谎话连篇而毫不在乎，即便当我指出他的话与档案中的记载相互矛盾时，他也是面不改色心不跳。他会转换话题，轻描淡写地一带而过。当最终确信他不会成为父亲公司里的好职员后，我拒绝了他的请求，还被他遭到拒绝后穷凶极恶的样子吓得发抖。

离开监狱去上学之前，我还在为一辆1958年的福特汽车还贷款，而实际上我已经无法负担它了。那儿的一个长官，后来成为监狱长，想用他1950年的莫里斯小车换我的福特，并且替我还清贷款。我同意了，但是由于莫里斯的车况不佳，我把它送到监狱的汽车车间进行修理，这是监狱的一项优惠政策——雷还在那儿工作，这得感谢我（不过他从未感谢过我）。小车被粉刷一新，发动机和动力传动系统也都重新调试过了。

所有行李都放在了车顶上，孩子躺在后座的夹板床里，我和妻子向安大略出发了。我们离开温哥华后不久，第一个问题就出现了，发动机听上去有异响。随后，我们感到车子有些倾斜，而且冷却器过热。汽车修理工发现化油器的浮箱里有圆球在滚动，他还指出冷却器的一个孔显然被堵住了。这些问题轻而易举就解决了，但是接下来，当我们在下一个长长的山坡时第二个问题出现了，这次要严重得多。刹车踏板变得很松，随后干脆就掉到车板上了——没有刹车，而且还是在长长的山坡上。幸运的是，我们设法把车开到了服务站，在那儿我们发现刹车连接线被人切开了，这样就会慢慢发生断裂。也许当车被送去修理时，雷在汽车车间仅仅是一个巧合，但我毫不怀疑，监狱里的“传话筒”告诉了他这辆车的新主人是谁。

在大学里，我的博士论文打算写惩罚对人类学习和行为表现的影响。在进行项目研究时，我第一次接触到了心理变态的相关文献。我并不确定自己当时是否刻意想到了雷，但是机缘巧合，他又出现在了我的脑海里。

获得博士学位后，我的第一份工作是在不列颠哥伦比亚大学任教，那儿离我几年前曾经工作过的监狱不远。那个年代还没有电脑，在学生注册周里，我和几个同事坐在桌子后面，为排着长队的学生们注册秋季课程。就在我正忙着接待一名学生时，听到有人提及我的名字。“是的，就在黑尔博士在监狱工作的那段时间里，大概有一年多吧，我一直是他的助手。我替他完成所有的文字工作，充实了他的监狱生活。当然，他常常会和我说起那些棘手的案例。我们合作得很愉快。”是雷，他正站在旁边队伍的最前面。

我的助手！“噢，真的吗？”我打断了他口若悬河的讲话，以为他会感到很难堪。“嘿，医生，最近怎么样啊？”他面不改色心不跳地和我打了个招呼，随后又神情自若地继续回到刚才的谈话中，只是换了一个话题。事后，我查看了他的申请表，显然他此前的大学课程成绩单是伪造的。在选修的课程里，我所教授的课程他一门都没有注册。

也许最吸引我的是，即使在谎言被揭穿以后，雷依然保持着绝对的镇定自若——而我的同事显然上当了。在他的心理伪装下面，究竟是什么赋予了雷颠倒是非的力量，同时他明显不会为此良心不安而是毫不在意？结果就是，在随后的二三十年时间里我一直都在从事实证研究，以回答这一问题。

在多年后的今天，雷的故事看上去有些滑稽。从那以后，我所研究的几百个心理变态案例就没有那么可笑了。

我在监狱工作了几个月后，管理部门送来了一名服刑人员，要求为其假释听证做心理测试。他因为过失杀人而被判有期徒刑6年。我发现档案中没有完整的犯罪报告，于是要他说说具体的细节。他说，女朋友几个月大的女儿连续不停地哭闹了好几个小时，并且她闻起来臭极了，所以他很不情愿地给她换尿布。“她拉得我满手都是，于是我生气了。”他说道。他如此若无其事地描述自己的行为真令人感到可怕。“我拎起她的脚，然后把她往墙上撞去。”他一边说，一边还面带微笑（真令人难以置信）。他对自己可怕行为的轻描淡写让我深感震惊，我想起了自己年幼的女儿，因此毫不客气地把他赶出了办公室，再也不想见到他。

由于好奇这个人后来怎么样了，我最近又查看了一下他的监狱档案。我了解到他在我离开监狱一年后就获得了假释。后来他抢劫银行未遂，在警察的全速追击中丧命了。监狱精神病医生曾将他诊断为心理变态，建议不要给予假释。假释委员会不可能对专业人士的这一建议完全置之不理。但是那时候，心理变态的诊断程序还十分模糊并且准确性不高，而且该诊断对行为预测的含义尚不明确。正如我们看到的，现在情况已经大不一样了，任何假释委员会如果不考虑当今有关心理变态的知识和常见犯罪行为，那么所作出的决定都可能会导致灾难性的错误。

艾尔莎与丹

在经历了一次令人精疲力竭的离婚风波后，艾尔莎辞去教师工作去了伦敦。一年后她和丹在伦敦的一家自助洗衣店里相遇了，她曾经在附近见过丹，当他们最终开始搭上话时，艾尔莎有种似曾相识之感。他坦率而友好，很快他们就相谈甚欢。从一开始，她就觉得他很风趣。

艾尔莎一直孤零零一个人。天空阴沉沉的，还夹杂着雨雪，她已经看过了小镇的每一部电影和话剧，而在大西洋的东岸她谁也不认识。

“嗨，旅行者的孤独，”晚餐时丹同情地低声说道，“这是最糟糕的了。”

吃完甜品后，他尴尬地发现自己出门时忘了带钱包。艾尔莎很乐意付账，很乐意和他坐在那儿从头到尾看完一周前已经看过的连场电影。在酒吧里，几杯酒下肚后，丹告诉艾尔莎自己是联合国的翻译，他环游过世界，目前他正在休假。

那一周他们见了四次面，接下来的一周见了五次面。丹告诉艾尔莎，他住在汉普斯蒂德一处公寓的顶层，但不久之后就会搬来和她一起住。让艾尔莎感到吃惊的是，自己很喜欢这样的安排。

这并不符合她的本性，她甚至都不知道这到底是怎么回事，但是在长期孤独寂寞的生活之后，她过上了快乐的日子。

不过，有些细节丹从未解释或者提起过，艾尔莎也把它们忘得一干二净。他从来没有邀请过她去自己家里做客，艾尔莎也从来没有见过他的朋友。一天晚上，他带回了一个装满录像带的纸箱子——用塑料包裹着，直接从工厂送过来的，还没拆封，几天以后它们不见了。有一次艾尔莎回家后发现墙角堆着三台电视机。“一个朋友放在这儿的。”除此之外他什么也没有说。当艾尔莎想知道更多时，丹只是耸了耸肩。

当丹第一次没有在约定地点出现时，艾尔莎有些担心他是不是发生了交通事故——他总是在街区中心横冲直撞。

丹离开了三天，当艾尔莎在上午十点左右回来时，看见他正躺在床上熟睡。发臭的香水气味和发酵的啤酒味几乎令她作呕，她对他生活的担心已经被某种自己身上从未出现过的新东西所代替：可怕的、疯狂的、不可控制的嫉妒。“你都去哪儿了？”艾尔莎大叫起来，“我一直都在担心你。你到哪儿去了？”

丹醒了，看上去很不耐烦。“别问我这些，”他厉声说，“我不会回答的。”

“什么？”

“我去了哪儿，我干了些什么，我和谁在一起——这些都不关你的事，艾尔莎，不要再问了。”

他看上去就像变了个人。但是随后，他似乎清醒了过来，把瞌睡赶跑后，用双臂抱住了艾尔莎。“我知道这样伤害了你，”他又像以前那样温柔地说道，“但是嫉妒就像流感，等着它过去吧。你会战胜它的，亲爱的，你会的。”就像母猫舔舐小猫一样，他又重新获得了艾尔莎的信任。不过艾尔莎还是觉得他关于嫉妒的说法很奇怪。这使艾尔莎确信他从未感受过被人背叛的痛苦。

一天晚上，艾尔莎轻声问丹是否能去街角给自己买一支冰激凌。他没有回答，但是当艾尔莎抬起头时，却发现丹正狂怒地盯着自己。“你总是能得到你想要的一切，是不是？”他以一种陌生的、嘲讽的口气说，“不管小艾尔莎想要什么不起眼的东西，总会有人跳起来跑出去帮她买，是不是？”

“你在开玩笑吧？我不是那样的人。你在说什么啊？”

丹从椅子上站起来走了出去。从此以后艾尔莎就再也没有见过他了。

双胞胎

在双胞胎女儿30岁生日那天，海伦和史蒂夫百感交集地回首往事。只要一想到爱丽丝那些不可预测的、破坏性的、通常要赔上不少钱的行为，每次一想到阿里尔取得的成就时油然而生的骄傲自豪感就会大打折扣。虽然她们是异卵双胞胎，但是相貌却天生就有着惊人的相似之处。尽管如此，她们的性格却像白天与黑夜一样截然不同——也许更贴切的比喻应该是天堂和地狱。

这30年来，她们之间的区别日益明显。阿里尔上周打电话来通报了一个好消息——资深合伙人明确地告诉她，如果她能够继续保持现在的状态，不出四五年，她肯定就会跻身资深合伙人之列。爱丽丝——应该说是爱丽丝的房东——打来的电话就不那么令人高兴了。爱丽丝和另外一个中途住店的房客半夜出去了，已经两天不见踪影。上次类似事情发生时，爱丽丝出现在了阿拉斯加，饥肠辘辘，身无分文。在此之前，她的父母已经记不清给她汇了多少次款并且安排她乘飞机回家。

尽管阿里尔在成长过程中也曾经遇到过类似问题，但它们大都还算正常。如果要求没有获得满足，她就会变得喜怒无常、郁郁寡欢，青少年时期更是如此。高一那年她就抽烟、吸食大麻；大学二年级那年她退学了，因为她担心缺乏人生方向就意味着没有发展潜力。然而，就在那一年的工作中，阿里尔决定去法学院读书，并且从那以后就一帆风顺。她专心学习，乐在其中，而且雄心勃勃。她在学校的《法律评论》期刊社担任编辑，以优异的成绩毕业，并在第一次面试后就确定了自己以后要从事的职业。

对于爱丽丝，则总是"什么地方有点儿不对劲"。两个小女孩都很漂亮，但是海伦惊讶地发现，爱丽丝三四岁时就知道如何利用自己漂亮的外表和小女孩的机灵来达到目的。海伦甚至觉得爱丽丝好像知道怎么去卖弄风骚——只要周围有男人她就会装腔作势——尽管对自己的小女儿有这种看法让她觉得十分内疚。当大家发现表兄送给孩子们的小猫被勒死在花园里时，海伦的内疚感就更深重了。阿里尔显然心都要碎了，爱丽丝的眼泪则看上去像是挤出来的。尽管她努力让自己不要这样想，但是海伦就觉得小猫的死和爱丽丝有关。

姐妹俩会打架，但是同样，也有"什么地方不对劲"，两个孩子打架的方式不一样。阿里尔总是防守者，而爱丽丝则总是挑衅者，毁坏姐姐的东西似乎能让她获得特殊的快感。当爱丽丝17岁离开家时，全家人都大大松了一口气——至少现在阿里尔可以过上太平日子了。然而，事实很快表明，爱丽丝搬出去是因为吸毒。现在她不仅是行为出人意料、处事冲动、依靠乱发脾气来达到目的了——她已经成了瘾君子，为了满足毒瘾她想尽了一切办法，包括偷窃和卖淫。保释和治疗计划——一家位于新汉普郡的三星期收费10 000美元的昂贵诊所——不断榨取着海伦和史蒂夫的钱财。“我真高兴家里马上就有人能够付得起钱了。”听到阿里尔的好消息时史蒂夫说。一直以来他都很担心，自己到底还能为爱丽丝收拾残局多久。事实上，他曾经认真地思考过将爱丽丝保释出狱是否明智。毕竟，难道不应该是她自己去面对其行为的后果，而不是他或者海伦吗？

海伦始终坚持一点：只要支付了保释金，她的孩子就不会在监狱里过夜（爱丽丝已经在监狱度过了好几个夜晚，但是海伦宁可忘记它）。这成了一个关乎责任的问题：海伦深信不疑的是，这都是因为她和史蒂夫在抚养爱丽丝的过程中做错了什么，尽管在30年的深刻自我反省中，她始终找不出他们究竟做错了什么。不过，也许是潜意识作怪——可能是当医生告知她会生下双胞胎时，她并没有感到特别兴奋。也许是她在不知不觉中忽视了爱丽丝，毕竟她一出生就比阿里尔要更强健。也可能是她和史蒂夫引发了双重人格综合征，因为他们坚持从不让女儿们穿得像双胞胎，让她们去不同的舞蹈学校和夏令营。

可能是……但是海伦对此心存怀疑。难道天下父母不是都会犯错吗？难道天下父母不都是无意间更偏爱某个孩子吗，即使只是暂时的？难道天下父母不都是伴随着生活中的各种偶然而心情起伏，为孩子而感到高兴吗？事实的确如此——但是并非天下所有父母都为爱丽丝这样的孩子而寝食难安。在女儿们的童年时期，为了寻求答案，海伦曾经密切观察过其他家庭，但是她发现许多粗心大意并且偏心的父母却有着情绪稳定、调适良好的孩子。她知道，那些公然打骂孩子的父母通常会培养出麻烦不断的孩子，但是海伦确信，不管自己与丈夫犯了什么错，也绝对不会是那种家长。

所以，女儿们30岁的生日让海伦和史蒂夫百感交集——感谢上苍的是，孩子们看上去身体都很健康，他们为阿里尔在工作中寻找到了安全和满足感而备感欣慰，但是长久以来的一块心病还是爱丽丝的不知所踪和幸福安宁。不过，当这对结婚已久的夫妻为女儿们并未出席的庆生会而干杯时，也许他们最大的感受就是沮丧，因为这一年什么也没有改变。这是20世纪——他们应该知道如何解决问题。你可以通过吃药来治疗抑郁，通过治疗来控制恐惧症，但是这么多年以来，爱丽丝已经看过了许多医生、精神病学家、心理学家、治疗咨询师以及社会工作者，而他们中没有一个人能够对她的问题给出解释或解决之道，甚至没有人可以确定她是否患有心理疾病。30年过去了，海伦和史蒂夫隔桌相望，伤心地问道：“她究竟是疯了？或者单纯就是人品太差？”

第2章

聚焦画面

他会选择你，用甜言蜜语使你缴械投降，并以其翩翩风度来迷惑你。他的聪明才智和宏伟计划会令你感到快乐兴奋。他会给你带来一段美好时光，但你终将为此付出代价。他会面带微笑地欺骗你，他也会目露凶光让你恐惧不已。当他不再需要你的时候，他肯定会有不再需要你的时候，他就会抛弃你，带走你的无辜和骄傲。留下你独自悲伤、迷惑无助，在很长一段时间里你会困惑不解：究竟发生了什么，究竟自己做错了什么。如果与之类似的另一个人出现了，你会再次敞开心扉吗？

——摘自一篇杂文，名为《监狱里的心理变态者》

问题依然悬而未决："爱丽丝究竟是疯了或者单纯就是人品太差？"

长久以来，这个问题不仅困扰着心理学家和精神病医生，而且哲学家和神学家也无法给出答案。严格来说，心理变态者是精神出现了异常，还是完全清楚地意识到了自身行为但不遵守规则？

这个问题不只是关乎语义。从另外一个角度来说，它具有无法估量的现实意义：对心理变态者的正确处理和控制应该是心理健康专家还是司法系统的职责？世界上任何地方的法官、社会工作者、律师、教师、心理健康工作者、医生、司法系统工作人员，以及一般民众——无论他们是否知道这个问题——都需要答案。

问题的分歧

对于多数人而言，有关这一问题的困惑和不解首先就源于“心理变态”一词本身。从字面上理解，它表示“心理疾病”（来自 psyche，“心理”；以及 pathos，“疾病”），在一些字典中仍然能找到这种含义。人们的困惑在于，媒体对这一术语的使用是将其等同于“丧失理智”或“疯狂”：“警方宣称有一名‘心理变态者’逍遥法外”，或者“杀害她的那个人一定是个‘心理变态者’”。

大多数治疗师和研究者不会这样使用该术语；他们知道不能用传统的心理疾病观来理解心理变态。心理变态者并没有失去判断力或是失去与现实的接触，他们也不会产生错觉、幻觉，或深感痛苦，而这是大多数其他心理疾病的特征。与心理疾病患者不同的是，心理变态者头脑清醒，很清楚自己在做什么以及为何这样做。他们的行为是选择的结果，他们是完全自由的。

因此，如果一个被确诊的精神分裂症患者违反了社会法则——比方说，执行“来自宇宙飞船中火星人”的命令而杀害了一名路人——我们会认为这个人不必承担责任，“因为他精神失常了”。但是如果一个被确诊的心理变态者违反了相同的社会法则，那么他会因为神志清醒而被判入狱。

尽管如此，对于一些暴力犯罪，尤其是在系列残害和谋杀案中，人们的一种常见反应是：“做这种事的人一定是疯了。”也许的确如此，但是从法律或精神病学角度来看，往往并非如此。

正如前文所述，许多连环杀人犯的确精神失常。例如，爱德华·盖恩，他犯下了一系列令人毛骨悚然、超乎寻常的罪行，为许多电影和书籍提供了人物素材，其中包括《惊魂记》《德州电锯杀人狂》和《沉默的羔羊》。盖恩杀人、分尸，甚至有时还会吃了受害者，并且用尸体的各个部位和皮肤做成一些怪异的东西——灯罩、衣服、面具。在对他的审讯中，控方和辩方的精神病医生一致认为盖恩患有精神病。诊断结果为慢性精神分裂症，因此他由于犯罪时神志不清，法官判他入院接受治疗。

然而，多数连环杀人犯与盖恩不同。他们会虐待、杀害和肢解受害人——这些骇人听闻的行为痛苦地考验着我们对“理智”含义的理解——但是在多数案件中，并没有证据表明他们神志不清、精神错乱或者患有精神病。在这些杀人狂中，许多人——仅举几例，如泰德·邦迪、约翰·韦恩·盖斯、亨利·李·卢卡斯——已经都被确诊为心理变态者，而这意味着根据现有的精神病学和司法标准，他们神志清醒。他们被关进大牢，某些情况下会被判处死刑。但是无论如何，要将精神病杀人犯和理智的变态杀人狂区分开来都不大容易。它源自历经几个世纪的科学辩论，有时这一辩论还与形而上学的讨论有关。

一些术语

很多研究者、治疗师和作家将心理变态者与反社会者这两个术语相互通用。例如，在《沉默的羔羊》一书中，作者托马斯·哈里斯将汉尼拔·莱克特描写成“不折不扣的反社会者”，而剧作家则称他是“不折不扣的心理变态者”。

有时候人们会使用社会变态这一术语，这是因为比起心理变态，它不太容易与精神病或丧失理智相混淆。在其著作《鲜血淋漓》中，约瑟夫·温伯谈到科林·皮奇福克——一名英国强奸杀人犯时说道：“……很遗憾，出于对后者的误解，精神病医生在诊断报告中对他的描述没有使用‘反社会者’而是使用了‘心理变态者’。与案件相关的所有人似乎都把‘心理变态’一词和‘精神病患者’相混淆了。”

在许多案例中，对术语的选择反映了使用者如何看待本书中所描述的临床症状或疾病的起源与决定因素。因此，一些治疗师和研究者——与大多数社会学家和犯罪学家一样——认为症状完全是由社会因素和早期经验导致的，所以他们会更青睐社会变态一词，而另外一些人——包括本书作者在内——则认为心理因素、生理因素和遗传因素同样也影响了症状的形成，所以通常会使用心理变态一词。因此，对于同一个人，一名专家可能会将其诊断为反社会者，而另一名专家的诊断却是心理变态。

来看看下面这段发生在一名罪犯 (O) 与我的研究生 (S) 之间的对话：

S:“从对你进行评估的监狱精神病医生那儿，你获得了什么反馈信息吗？”

O：“她告诉我说我是个……不是反社会的人……而是一个心理变态的人。这太可笑了。她叫我不用担心，因为医生或者律师也可能会心理变态。我说，‘没错，我明白你的意思。如果你坐的飞机被劫持了，那么你宁愿旁边坐的是我，还是某个反社会的人，或是吓得屁滚尿流并且想要将我们都杀死的精神病人呢？’她几乎要从椅子上摔了下来。如果有人要对我进行诊断，我宁可是一个心理变态的人，而不是一个反社会的人。”

S：“它们不是一回事吗？”

O：“不，这可不一样。你想，反社会的人犯了错是因为他的生存环境出了问题。他可能会怨天尤人。但我不会，我的心里没有敌意。我就是这样的。没错，我想我就是个心理变态的人。”

通常人们认为，与“心理变态”或“反社会”的含义非常相似的一个术语是“反社会人格障碍”，在美国精神病学会出版的《精神疾病的诊断和统计手册》的第三版（DSM- Ⅲ；1980）及其修订版（DSM- Ⅲ -R；1987）中，都曾对它进行过阐述，这本书被当作精神疾病的“诊断圣经”，得到了广泛应用。反社会人格障碍的诊断标准主要包括一系列反社会行为和犯罪行为。当诊断标准最初公布的时候，治疗师们普遍感到很难对一些人格特点进行准确评估，例如同理心、自我中心主义、内疚感，等等。因此，如果治疗师们都能够毫无困难地，也就是客观地，对反社会行为进行评估，那么诊断结果就成立。

在过去10年中这导致的结果就是造成混淆不清的情况。许多治疗师错误地认为，“反社会人格障碍”和“心理变态”是同义词。如DSM-Ⅲ、DSM-Ⅳ和最近出版的DSM-Ⅴ所诊断的那样，“反社会人格障碍”主要是指一系列犯罪的、反社会的行为。多数罪犯都大大超过了这一诊断标准。另一方面，“心理变态”的界定则包括一系列的人格特点和违反社会规范的行为。大多数罪犯都不是心理变态者，而许多钻法律空子、逃脱了法律制裁的个体却是心理变态者。如果你有机会在自己的一生中，就心理变态者的问题向治疗师或咨询师请教的话，那么就请牢记这一点：请确信他或者她知道“反社会人格障碍”和“心理变态”的区别。

历史上的观点

最早对心理变态进行阐述的治疗师之一是菲利普·皮内尔，他是19世纪早期的一位法国精神病医生。他运用了“无谵妄性精神错乱”这一术语来描述一种行为模式，其特点是毫无悔恨之心、完全不受约束，他认为这种模式有别于通常所说的“恶行”。

皮内尔认为这种情况在道德上无所谓好坏，不过其他作者却认为这些患者“道德败坏”，是邪恶的化身。于是，一场跨越几代人的争论就此展开，有人认为心理变态者是“疯子”，有人认为他们是“坏蛋”甚至是恶魔，这两种观点不相上下。

《十二金刚》是一部经典影片，它赞美了经久不衰的好莱坞神话：只要将心理变态者的内心世界呈现出来，你就会发现英雄的诞生。电影讲述了一群最粗鲁、暴力的罪犯面临着一个选择：要么志愿去完成一项自杀式任务，要么老死狱中。他们的任务是去攻占德军司令部所驻扎的一个城堡。不用说，十二金刚圆满地完成了任务。也不用说，他们被奉为英雄，这一结局显然满足了几代观众的要求。

《一切，除了我和你》的作者、精神病医生詹姆斯·韦斯则讲述了一个截然不同的故事。书中记载了埃利奥特·D. 库克准将及其助手拉尔夫·宾上校在第二次世界大战时期所作的一项调查。他们的工作开始于站点——位于科德角地区的爱德华兹营军队东海岸训练（拘留）中心，然后又回到了连队，以了解二千多名服刑人员在那儿的伤亡情况。

正如韦斯所评价的那样，它是一个讲述了一遍又一遍的“始终不变的伤感故事”。得知同伴即将奔赴战场，士兵自发去寻找补给却再也没有回来。或者是去偷食物的士兵偷来了一辆卡车，开着它四处兜风。这些人不太在乎战争中要保持的基本警惕性，而是更多追求短暂的满足，因此他们中弹的可能性要大得多——“当其他所有人都低下头时，彼得森……抬起了头，一名德国狙击手的子弹从正中穿过”——却没有完成一项经过周密计划的、巧妙的、出于良心的英雄任务。

经过好莱坞的润色加工后，《十二金刚》显得无可挑剔，但在现实生活中，正如韦斯所总结的那样，“通过战争得以转变（由心理变态者转变为英雄）的情况就算有也是很少见的。”（詹姆斯·韦斯，《精神疾病治疗杂志》第5期，1974年，第119页）

第二次世界大战使得这场辩论具有了前所未有的现实紧迫性——人们需要的不仅仅是猜测。首先，在士兵应征入伍时，迫切地需要确定并诊断出，哪些人会违反甚至破坏军队的严格管理制度，并在可能的情况下对其进行治疗，同时这一问题也引起了公众的广泛关注。然而，随着纳粹铁蹄的大肆破坏和毫无人性的种族灭绝计划被揭露出来，一个更为不祥的问题产生了。是什么原因导致了这种行为模式的形成？有些个体——令人可怕的是甚至某个掌控国家大权的人——的行为如何以及为何偏离了一些规则？而我们大多数人都已经接受了这些规则，以此来约束个体的本能冲动和想法。

许多作家都接受了这个挑战，其中哈维·克莱克利的影响最大。在1941年首次出版的经典著作《理性的面具》中，克莱克利呼吁人们关注一个在他看来很可怕却又遭到大众忽视的社会问题。他对自己的患者们进行了戏剧性的描写，并为普通大众提供了关于心理变态的第一手详尽资料。例如，在书中他披露了有关格里高利的案例笔记，这名年轻男子有一长串的被捕记录，要不是因为枪支出了故障，他早就把自己的母亲杀死了。

要用上几百页纸，才能恰当地描绘出这个年轻人的职业经历。他屡次出现反社会行为，但其行为背后并没有强烈的动机，他也无法从经验中吸取教训，不知道如何进行更好的调适、避免可以预见的大麻烦，这一切都让我感觉到他是心理变态人格的典型个案。我想他的行为很可能会一如从前，而我却不知道哪一种心理治疗方法可以有效地改变其行为，或者有助于他进行更好的调适。(第173—174页)

诸如“精明灵活的头脑”“风趣幽默的谈吐”“非凡出众的魅力”这类词语不时出现在克莱克利的案例记录中。他指出，被拘留或监禁的心理变态者会运用其高超的社交技巧，劝说法官相信他真的应该被送到精神病医院去。一旦进了医院，他就会被百般嫌弃——因为他的破坏性太强了——不久他就会运用自己的“天赋”从那儿脱身。

在其生动的临床描述中，对于心理变态者行为背后的含义，克莱克利还不时地写下了自己的相关思考。

心理变态者对那些被称为个人价值的基本事实和概念一无所知，根本无法理解这类东西。对于严肃的文学或艺术作品中所表达出的人性的悲惨、快乐或者挣扎，他根本不可能产生哪怕一丁点儿的兴趣。在现实生活中，他对这些东西也并不关心。他只对美丽和丑恶具有一些非常肤浅的感受，而善良、邪恶、爱、恐惧、幽默对他来说没有任何实际意义，也丝毫不能令其动容。除此之外，他也缺乏识别他人情绪的能力。尽管聪明过人，但他似乎就像色盲一样，对人类存在的这些方面视而不见。没有办法让他明白这一点，因为在其意识轨道中，根本就没有任何东西能让他将心比心。他可以一字不差地重复出来，能言善辩地说自己知道，但是没有办法让他明白，其实他并没有真正理解。

《理性的面具》极大地影响了美国和加拿大的研究者，在过去三十余年里，它为大多数心理变态的科学研究提供了临床指导。大多数情况下，这类研究的目的是找出心理变态者“与众不同”的原因。我们现在已经掌握了一些重要线索，这在整本书中都会有所谈及。但是随着我们越来越多地了解到心理变态者的行为对社会所造成的破坏，现代研究就有了一个更为重要的目标——提出各种可靠的方法来识别这些人，从而最大限度地降低他们对他人的伤害。无论对于普通大众还是某一个体而言，这个任务都意义非凡。我的相关研究开始于20世纪60年代，那时我还在不列颠哥伦比亚大学的心理学系就读。在那儿，伴随着监狱中的工作经历，我对研究心理变态的兴趣日渐浓厚，这最终成为我一生的工作。不论在哪儿，只要一有机会我就想方设法地继续进行自己的研究。

识别“真正的心理变态者”

在监狱里开展研究工作存在一个问题，那就是服刑人员通常对外来者心存怀疑、不信任，尤其是对学者。我曾经得到过一位囚犯头目的帮助，他最终相信，我的研究不会对被试产生任何不良影响，反而会有助于了解犯罪行为。这名服刑人员以前是职业银行抢劫犯，后来成为我的发言人，他非常支持我的工作，公开宣称自愿参加我的研究。结果导致了志愿被试人数激增，可是人数实在太多了，导致随之而来的问题是：我怎样才能将“真正的”心理变态者从众多的志愿者中鉴别出来？

20世纪60年代的心理学家和精神病医生尚未就如何识别心理变态达成一致。分类问题是一个主要障碍。我们试图进行分类的对象是人，而不是苹果和橘子，并且我们所关注的识别特征是心理现象，它巧妙地隐藏于科学探察之眼的背后。

佛罗里达州的一个女人给他买了辆新车。

加利福尼亚州的一个女人给他买了辆房车。

天知道还有谁给他买了些什么。

一篇新闻报道描述了莱斯利·高尔在全国各地的行骗过程，这篇报道恰如其分地指出，人如其名，看他名字就知道：“登徒之辈”（编者注：“高尔”译自“Gall”，其可译作姓氏之外又有“厚颜无耻”之意）。

这个“甜心骗子”，正如一位受害者所称呼的那样，成功地捕获了一个又一个寡妇的欢心，从她们身上骗取了自己想要的一切，甚至更多。她们将自己的真心与支票双手奉给了他。“凭借着勇气、魅力，还有那一满箱的伪造身份证，高尔声称自己从老年妇女那儿偷走了成千上万美元，而这些人都是他在上流社会的舞会和社交俱乐部中认识的。”在调查其背景时，加利福尼亚州警方发现了他一长串的犯罪记录，全部都与诈骗、伪造和偷盗有关。

得知加利福尼亚州警方正在查看自己的犯罪记录，高尔要自己的律师给佛罗里达州警方写了一封信，宣称他愿意认罪，但作为交换，必须保证自己在加拿大监狱服刑。

“这件事情公布于众之后，”记者戴尔·布拉泽写道，“加利福尼亚州警方的电话响个不停，人们打来电话说，他们的母亲、姑妈或姨妈可能也牵涉到了高尔的案件中。他们摆出一副‘我想我知道那人长什么样’的嘴脸……天知道还会有多少受害者涌现出来。”

高尔如今正在佛罗里达州的一个监狱中服刑，刑期长达10年，但他将自己描绘成一个人道主义者。“我的确拿了她们的钱，但是她们也从我这儿得到了回报。”他说，“我满足了她们的需求。她们得到了关爱、感情、陪伴，对于有些人来说，她们甚至得到了爱情……有时候我们甚至整天都待在床上。”（摘自戴尔·布拉泽的文章，《多伦多之星》，1990年5月19日和1992年4月20日）

或许我可以使用标准化的心理测试来找出那些心理变态的服刑人员，但是大多数这类测试都依赖于自我报告——例如，“我撒谎（1）很容易；（2）有点困难；（3）从不。”跟我打交道的这些服刑人员都十分精明，他们善于从测试和谈话中，猜测出精神病医生和心理学家的意图。一般来说，他们认为自己毫无理由要向监狱工作人员透露任何真正有意义的东西，但是很有必要去展现自己最好的一面，以获得假释、调换工作、参加某个培训的机会，诸如此类。除此之外，他们之中的心理变态者非常善于歪曲、捏造事实，以达到自己的目的。毫无疑问，印象管理是他们的强项。

因此，监狱记录中常常会详尽细致地写满服刑人员的人格特点，但令人尴尬而又奇怪的是，这些内容却与监狱中人人皆知的该罪犯并不一致。我想起了一份文档，心理学家使用了一连串自我报告测试后得出结论认为，一名冷酷无情的杀手实际上敏感细致、关心体贴他人，他需要的仅仅只是一个温暖的拥抱所给予的心理平等。由于盲目地使用人格测评，在过去的（现在仍然如此）随处可见的与心理变态相关的研究中，它们事实上与现实关联甚少。

一名服刑人员提供了一个极好的例证，说明了我为什么不愿意依赖心理测试。在一项研究计划中我对他进行了访谈，在访谈过程中提到了心理测试这一话题。他告诉我，他知道所有的心理测试，尤其是监狱心理学家最常用的自我报告测试“明尼苏达多相人格问卷”，即 MMPI。后来我发现这位老兄的房间中有一整套 MMPI 的问题集、计分表、计分模板和说明册。通过运用这些材料以及自己的相关专业技能，他为其他服刑人员提供咨询服务——当然，这要收费。他会根据咨询者的情况和目的，判断出他将接受何种测试，然后教他如何回答问题。

“刚进监狱？你应该表现得有点不知所措，也许是抑郁和焦虑，不过不要表现得好像心理治疗已经无法解决你的问题了。等你假释期快到了再来找我吧，我们再来安排如何让你表现出明显的进步。”

即便没有这种“专业人士”的帮助，许多罪犯也能够毫不费力地伪造出心理测试的结果。最近，一名服刑人员参与了我的一项研究计划，他在狱中接受了三次 MMPI 测试，却得到了三份完全不同的诊断报告。每次测试的时间间隔大约为一年。第一份报告显示该男子患有精神病，第二份报告显示他完全正常，第三份报告则显示他有轻微的心理困扰。在我们的谈话中，他说那些心理学家和精神病医生都是“笨蛋”，完全相信他所说的一切。他说自己在第一次测试时伪装成精神病患者是为了转移到精神病患者牢房，因为他以为那儿的日子“好混”。当他发现自己不喜欢那儿时（“浑身臭虫的犯人太多了”），他设法接受了另一次 MMPI 测试，这一次结果显示他很正常，于是他又搬回了普通牢房。过了没多久，他又决定将自己假扮成焦虑、抑郁病人，结果 MMPI 测试显示他有轻微的心理问题，这样他就得到了一些安定药，然后他把这些药卖给了其他犯人。讽刺的是，监狱心理学家认为这三份测试结果都有效，它们都表明了该服刑人员所遭受的心理问题的类型和程度。

我决定在解决分类问题时不能仅仅依赖于自我报告。为了收集资料，我召集了一群熟知克莱克利工作的治疗师。通过长期的深度访谈，以及对文档的深入研究，他们将从服刑人员中识别出用于研究的心理变态者。我向这些“等级评定者”提供了一张克莱克利清单，清单上有关于心理变态者人格特征的描述，可以为他们的工作提供一个指导。结果，这些治疗师达成极高的一致，为数不多的分歧也通过讨论解决了。

尽管如此，其他研究者和治疗师一直不清楚我们是如何进行诊断的。因此，我和学生们花费了十几年的时间来改进和完善我们的方法，来从普通服刑人员中识别出心理变态者。我们开发出了一个极为可靠的诊断工具，任何治疗师或研究者都能够使用，并且它能够提供一份非常详尽的，关于心理变态的人格障碍报告。我们把这个工具称为“心理变态核查表”。这种工具是第一次出现，它广为人们接受，具有科学性，能够用于心理变态的测量和诊断。“心理变态核查表”如今已在世界各地广泛应用，以帮助治疗师和研究者明确地识别哪些人是真正的心理变态者，而哪些人只不过是违反了社会规则。

第3章

档案：
情感与关系

我在乎别人吗？这个问题可真有点儿难。不过，是的，我想我是在乎的……但是我不会被情感左右……我是说，我和身边的人一样友好，关心别人，但是我们得面对事实，每个人都想压榨你……你不得不为了自己而小心谨慎，隐藏自己的感情。也许你需要什么东西，或者总是有人来烦你……也许是想骗你……你得有所“回敬”……做所有需要做的事情……如果我伤害了别人我会难受吗？当然，有时候会。但是大多数时候感觉是……呃……（笑声）……你上次捏死一只臭虫的时候感觉怎么样？

——一个犯有绑架、强奸、敲诈罪的心理变态者

“心理变态核查表”使得我们在讨论心理变态者的时候不会犯以下错误：我们描述的只不过是违反社会规则的人或罪犯，或者我们错误地以为某些违反法律的人是心理变态者，而实际上他们和心理变态者并无更多共同之处。不仅如此，它还为我们提供了一幅细致的画面，详细地描述了我们身边那些心理变态者的扭曲

人格。在本章和下一章中，我将关注这幅画面，逐个描述那些更加突出的特征。本章将考察这一复杂人格障碍的情绪与人际关系特征。第4章将考察心理变态者变化无常并具有反社会性的生活方式。

心理变态者的主要症状

情绪/人际交往	违反社会规则
● 油嘴滑舌且浅薄无知	● 冲动莽撞
● 以自我为中心且狂妄自大	● 自控力差
● 缺乏悔恨或内疚感	● 寻求刺激
● 缺乏同理心	● 缺乏责任感
● 说谎成性且善于操纵	● 早期行为问题
● 情绪感受肤浅	● 成年反社会行为

需要特别注意的问题

“心理变态核查表”是一个复杂的专业临床工具。以下是对心理变态者的主要特征和行为的大致总结。请不要使用这些症状来诊断自己或他人。进行诊断前需要接受严格训练，知道如何使用正规的计分手册。如果你怀疑自己认识的某人符合本章与下一章所描述的这些特征，并且如果你认为听取专业建议非常重要，那么请去咨询有资格的（注册的）心理学家或精神病医生。

此外，请谨记有些人虽然不是心理变态，但是同样也可能会出现这里所描述的某些症状。许多人都很冲动莽撞，或油嘴滑舌，或冷漠无情，或反社会，但是这并不意味着他们是心理变态者。心理变态是一种症候群——一些相关症状的集合。

油嘴滑舌且浅薄无知

心理变态者通常都风趣幽默、能说会道。与他们的交谈可能会令人愉悦，给你带来快乐。他们反应敏捷、回答机智，会讲一些不太现实但令人信服的故事，从而给自己笼罩上一圈光环。他们能够非常成功地展现自己，并且常常十分招人喜欢，迷人可爱。然而，在有些人眼中，他们似乎太过八面玲珑，显得太不真诚、浅薄无知。敏锐的观察者通常会产生这样的印象，心理变态者是在演戏，是在机械地“朗读台词”。

一位等级评定者描述了她与一名囚犯的访谈：“我坐了下来，拿出了写字板，而这个家伙告诉我的第一件事情就是我有一双漂亮的眼睛。他在访谈中成功地让我相信了他对我容貌的恭维——我沉溺于其中而不能自拔。所以访谈结束时，我的感觉与平常大不一样……呃，很好。我是个小心谨慎的人，尤其是对工作，并且通常能够看穿谎言。但当我走出来回头想想，我几乎无法相信自己刚才竟然任听他胡扯。”

心理变态者可能会随心所欲地讲述一些在他们身上似乎不可能发生的故事。通常，他们会使自己看上去熟知社会学、精神病学、医学、心理学、哲学、诗歌、文学、艺术或者法律。这一特征的标志就是毫不担心会被揭穿。我们的一份监狱档案描述了一名心理变态的服刑人员，他宣称自己获得了社会学和心理学学位，但是事实上他连高中都没有读完。我的一个学生即将获得心理学博士学位，在她对他的访谈中，他编造了这个谎言。她评价说这名服刑人员对自己使用的专业术语和概念感到非常自信，而那些并不熟悉心理学领域的人很可能会对他印象深刻。这种冒充“内行”的各种表现在心理变态者身上普遍存在。

迪克，圆滑老练、聪明机智。是的，你不得不相信他。天哪！真令人难以置信他是如此擅长“欺骗别人”。就像密苏里州堪萨斯城的一家服装店的店员的遭遇一样，这家店是迪克决定“下手”的第一个地方……迪克对佩里说：“我所要你做的一切就是站在那儿。别笑，对我说的一切都不要感到惊讶。你只需要用耳朵听就行了。”对于接下来要干什么，迪克似乎胸有成竹。他脚步轻盈地走了进来，和声细语地把佩里介绍给售货员，说他是“一个马上就要结婚的朋友”，然后接着说，“我是他的伴郎。请帮他在店里寻找他想要的衣服……”售货员相信了，很快佩里就脱下了自己的牛仔裤，试穿一套售货员认为“很适合非正式场合”的灰色西服……然后他们挑选了一些颜色鲜艳的夹克和休闲裤，迪克说它们很适合即将开始的佛罗里达蜜月之行……迪克对店员说道：“你说呢？像他那样又丑又矮的人，马上就要娶一个不仅身材好而且有钱的老婆。而像你我这样，相貌英俊的人……” 售货员这时递上了账单。迪克把手伸进了屁股后面的裤兜，皱了皱眉，打了个响指说："嘿！我忘记带钱包了。"他的同伴认为这只不过是个拙劣的谎言，任何人都不会相信。显然，售货员并不这样认为，因为当迪克拿出一张空白支票，在上面多写了80美元时，售货员还立刻用现金补齐了差额。

——杜鲁门·卡波特，《冷血无情》

在《黑暗中的回声》一书中，约瑟夫·温伯巧妙地描述了一位心理变态的教师，威廉·布莱德菲尔德，他的博学多才能够蒙骗身边的每一个人，真的是几乎每一个人。但是布莱德菲尔德宣称自己所精通领域的那些专业人士很快就能够认识到，他对这些领域的了解十分肤浅。有人指出他"对任何领域都略知一二，但仅此而已"。

当然，要想辨别一个人到底是花言巧语还是真心诚意，并不那么容易，尤其当我们对他知之甚少时。例如，假设一位女士在酒吧遇到了一个魅力十足的男人，当两人举杯小酌一会儿后，他说出了下面这些话：

我浪费了一生中的大部分时光。人无再少年。我以前曾经尝试过，希望通过加倍工作来弥补浪费掉的光阴。但是世事变化很快，却没有变得更好。我打算过一种节奏更慢的生活，给予人们很多我自己从来没有得到过的东西，给他们的生活带来一些快乐。我的意思不是说刺激，我的意思是给别人的生活带去某种实实在在的东西。可能是一个女人，但也不一定就是个女人。也许是一个女人的孩子，或者是老人。我想……不，我并不认为……我知道，这会给我带来很多快乐，让我感到自己的人生更快乐。

这个人真诚吗？这些话可信吗？它们出自一名45岁、有着可怕犯罪记录的囚犯，他在“心理变态核查表”上的得分是最高的，他虐待自己的妻子，并抛弃了孩子。

在《命运之眼》一书中，乔·麦金尼斯描述了自己和杰弗里·麦克唐纳的关系，后者是一位心理变态的医生，被指控杀害了自己的妻子和孩子：

在他被指控后的六个月里，或许是七八个月里，我发现自己面临着，就我所知作为一名作家最糟糕的情形，这个魅力十足而又能言善辩的男人一直不停地恳求我相信他，我不仅纠结于他是否有罪的问题，而且在某种程度来说萌生了更令人困扰的念头：如果他真的有这些所作所为，那么我怎么会喜欢他呢？（第668页）

杰弗里·麦克唐纳就几件事对乔·麦金尼斯提出了控告，包括“故意施加情绪上的痛苦”。作家约瑟夫·温伯在审判中出庭，认为麦克唐纳是心理变态，并对他说以下这段话：

我发现他极其善于花言巧语……我从来没有遇到过这样善于花言巧语的人，我被他讲述故事的方式所震惊了。他正在描述的事件极其恐怖，但他却可以绘声绘色地详细描述整个谋杀过程……以一种置身事外的、能说会道的、轻松自然的方式……我曾经采访过很多残忍犯罪的幸存者，有些是犯罪行为刚刚过去，有些是很多年以后，其中包括一些受害儿童的父母，而我在自己的所有经历中，还从未遇到过有谁可以像麦克唐纳医生那样，以最漫不经心的方式描述事件。（第678页）

以自我为中心且狂妄自大

“我，我，我……当她散发出光芒时，整个世界不停地围绕着她旋转——不是最亮的星星，但是唯一的星星。”负责戴安娜·唐斯的安·鲁尔说。前者在1984年被指控枪击了自己的三个幼儿，造成一人死亡，另外两人残疾。

心理变态者非常自恋，过于夸大其自我价值和重要性，真正令人震惊的是，他们以自我为中心，有优越感，认为自己是宇宙的中心，是更高级的生物，有权根据自己的法则生活。“并不是我不遵守法律，”我们的一名被试说，“我遵循我自己的法则。我从不违反自己的法则。”随后她从“先为自己着想”的角度描述了这些法则。

另一名心理变态者锒铛入狱是因为犯有抢劫、强奸、欺诈等罪行，在被问到他是否也有某种弱点时，他回答说：“我没有任何弱点，除了也许我太有同情心了之外。”在一份满分10分的量表中，他对自己的评价是“各方面都是10分。我本来想说12分的，但是那样会显得我在吹牛。如果受到更好的教育，我会非常出色”。

一些心理变态者的狂妄自大、吹嘘浮夸常常会使他们在法庭上表现得极为引人注目。例如，经常可以看到他们指责或解雇自己的律师，进行自我辩护，而这通常会导致灾难性的结果。“我的同伙被判了一年。我被判了两年，因为我的律师是个白痴，”我们的一名被试说。随后他选择了自我辩护，结果眼睁睁地看着判决增加到了三年。

心理变态者给人们留下的印象通常是骄傲自大、毫无廉耻地自我吹嘘——过于自信、固执己见、盛气凌人、洋洋自得。他们喜欢拥有权力，控制他人，并且无法相信与自己意见不一的点子会更好。在有些人眼中，他们看上去魅力超群或者“令人振奋”。

心理变态者很少会因自己面临法律、经济，或者私人问题而感到尴尬。相反，他们认为自己只是暂时遭遇了挫折、运气不佳、朋友背叛，或者不公平、不健全的体制。

尽管心理变态者通常宣称自己有明确的目标，但是他们对实现目标所需要的条件知之甚少——他们不知道如何实现自己的目标，由于具有犯罪前科，加之缺乏对学习的持久兴趣，他们也几乎没有机会达到目标。请求假释的心理变态服刑人员可能会大致勾勒出一些模糊的计划，想要成为商业大亨或者为穷人伸张正义的律师。一位服刑人员并没有多少文学才华，却设法为自己计划撰写的一本自传的题目申请版权，并且已经开始计算自己的书畅销之后将会带来多少财富。

心理变态者认为他们的能力足以使其成为自己想要成为的任

何人。考虑到他们所说的恰当条件——机会、运气、心甘情愿的牺牲者——为了满足他们的自我吹嘘，人们可能要付出巨大的代价。例如，心理变态的企业家“雄心勃勃”，但是通常用的都是别人的钱。

杰克因为入室盗窃而被判刑，他的一长串犯罪记录可以追溯到青春早期，而他在“心理变态核查表”上的得分可能也是最高的。通常，他的访谈开始于对摄影机的强烈兴趣。“我们什么时候可以看带子？我想看看自己看上去怎么样，我的表现怎么样。”随后，杰克就开始啰啰唆唆、喋喋不休地——长达四个小时——讲述自己的犯罪史，不时还停下来提醒自己，“噢，对了，我现在已经不干这档子事儿了。”讲的故事不过是众多小偷小摸或者欺骗敲诈中的一个——“你遇到的人越多，你从他们身上得到的钱就越多，而且他们也不是真正的受害者。该死，不管怎么样，他们在保险理赔中拿回的钱总是比丢的钱更多。”

小偷小摸最终逐渐演变成了入室行窃和持枪抢劫。“噢，不错，14岁我就开始打打杀杀——但是我没有做过什么坏事，比如说打女人和孩子。实际上，我喜欢女人。我认为她们就应该一直待在家里。我希望天底下所有的男人全死光，就只剩我一个男人。”

“这次出狱后，我想要个儿子，”杰克告诉我们的访谈者，“等他满5岁了，我就把孩子他妈彻底赶出去，这样我就可以按照自己的方式抚养孩子了。”

当被问及他是如何开始犯罪生涯时，他说：“这和我妈妈有关，她是世界上最漂亮的女人。她很坚强，辛辛苦苦地工作来养育四个孩子。她真是一个好人。我从五年级时开始偷她的首饰。你知道，我从来就没有真正了解过这个贱人——我们不是一条道儿上的人。”

杰克这样来为自己的犯罪生涯进行辩解——“是的，为了凑齐离开镇子的路费，我不得不去偷东西，但我可不是什么他妈的罪犯。”然而，在接下来的访谈中，他回忆道：“我在10天里干了16次入室抢劫。这很棒，的确让我感觉很好。我感觉自己好像上瘾了，不能自拔。”

“你撒过谎吗？”访谈者问道。

“你不是在开玩笑吧？我撒谎就像家常便饭。”

对杰克进行采访的是一位对“心理变态核查表”的使用具有丰富经验的心理学家，她说这场谈话不仅是自己遇到的有史以来最长的而且也是最有趣的。她说，杰克是自己所遇到的最富戏剧色彩的囚犯之一。他不但对受害者没有表现出丝毫的同理心，而且显然对自己犯下的罪行感到非常自豪，并且似乎努力想要使访谈者对他令人惊讶的、不负责任的“丰功伟绩”留下深刻印象。杰克说起话来滔滔不绝，同时也具有心理变态者的特点，即所讲的内容前后矛盾。

同样引人注目的是，杰克明显缺乏制订合理计划的能力。虽然由于多年的狱中饮食，以及在狱外吃了太多的廉价快餐食品，他已经变得非常肥胖，体重超标，但是他却像接受训练中的年轻运动员那样自信地告诉访谈者，这次离开监狱后他打算成为一名职业游泳运动员。他将所向披靡，并在年轻时退休，依靠赢得的奖金维持生活，到处旅行。

进行访谈时杰克已经38岁了。此前他是否曾经是一名游泳运动员我们并不知道。

缺乏悔恨或内疚感

心理变态者丝毫不关心其行为对他人造成的巨大灾难。通常，他们会非常直截了当地谈论起相关事件，平心静气地说自己并不感到悔恨，对自己所造成的痛苦和灾难也并不会感到任何良心上的不安，自己也毫无关心的必要。

当被问及被他抢劫的受害者由于被刺伤而在医院里躺了三个月，他是否心存任何悔恨时，我们的一名被试回答说："现实点吧！他只不过是在医院里待了三个月，而我却被关在这里。我只是划伤了他，如果我真的想要杀他的话，我早就把他的喉咙割断了。我这个人就是这样，我是想让他好好休息一会儿。"被问及他对自己犯下的任何一桩罪行是否心有悔意时，他说："我没有什么好后悔的。做了就是做了。如果非要问我那时候为什么要那样做，我的回答就是想那样做。"

在执行死刑前，连环杀人犯泰德·邦迪在与史蒂芬·米修以及休·安尼斯沃斯的几次访谈中直接谈到了内疚感。"对于我过去所做的一切，"他说，"你知道——内疚或者悔恨感——并没有困扰我。试着感受过去！试着应对过去！它不是真的。它只不过是一个梦！"邦迪的"梦"包括杀害了一百余名年轻女性——他不仅与过去划清了界限，而且还扼杀了每个年轻受害者的未来，一个接一个。“内疚？”在监狱中他说道，“它正是我们用来控制人的机制。它是一种幻觉。它是一种社会控制机制——并且它非常地不健康。它对我们的身体很不好。要想控制我们的行为，有一些好得多的办法，而不用过度内疚。”

另一方面，心理变态者有时会说自己悔恨不已，但是随后他们的言语和行为又截然相反。监狱中的罪犯很快就会知道悔恨是一个非常重要的词语。当被问及他是否为自己犯下的一桩谋杀案而心有悔恨时，一名年轻的服刑人员告诉我们：“是的，当然，我很后悔。”再进一步询问时，他却说自己“内心对此并没有感到不安”。

曾经有一次，一名服刑人员的荒唐逻辑使我目瞪口呆，他说受害者从自己的杀人行径中获益良多，知道了“世界的险恶”。

“那家伙要怪只能怪他自己。”另外一名服刑人员这样描述受害者。在酒吧支付账单时两人起了争执，他杀了那个男人。“每个人都可以看出来那天晚上我心情很不好。他为啥要来烦我？”他继续说道，“不管怎么样，那家伙死得不痛苦。用刀切断动脉死起来最快了。”

心理变态者之所以缺乏悔恨和内疚感，与他们合理化其行为的超强的能力有关，这样他们可以摆脱责任，尽管其行为对家庭、朋友、亲人以及其他遵守秩序者造成震惊和失望。通常他们可以为其行为找到大把的借口，而有时他们会完全否认自己的所作所为。

在作家诺曼·梅勒的帮助下，杰克·阿尔伯特出版了著作《野兽的内心：来自监狱的信》，受到了新闻媒体的大肆报道。通过与这位知名作家和警察的合作，阿尔伯特不仅收获了名誉，也获得了自由。获得假释后不久，在纽约一家餐厅里一位服务生要求阿尔伯特离开，由此两人发生了争执。阿尔伯特不肯走，于是两人就在餐馆后面打了起来，在争斗中阿尔伯特用刀捅了赤手空拳的服务生理查德·阿丹，使其丧命。

当阿尔伯特接受一家网络电视节目的采访时，主持人问他是否感到悔恨，他说："我认为这个词并不恰当……悔恨意味着你做了错事……如果是我捅了他，那么这只是个意外。"

阿尔伯特被判有罪，再次入狱。几年以后，阿丹的妻子以丈夫的惨死对他提起了民事诉讼，而阿尔伯特选择了自我辩护。阿丹的妻子在法庭上描述了阿尔伯特是如何对待她的："他会说我很抱歉，但是之后他又会突然地侮辱我。"

"法庭上的每个人都知道我是被陷害的。"阿尔伯特告诉电视节目主持人。从他的言论"一点痛苦都没有，没有流多少血"中，我们可以看出他对死亡的认识和感受。接下来他又谈起了理查德·阿丹这个人本身，"他做服务生是没有前途的——如果他转行的话可能还有机会"。

据《纽约时报新闻》（1990年6月16日）报道，阿尔伯特曾经对阿丹的妻子说她丈夫的命"一文不值"。不过尽管如此，她仍获得了七百多万美元的赔偿。

在审问心理变态者时，失忆、健忘、意识暂失、多重人格、暂时性头脑不清，这些情况会不时出现。例如，有一部广为人知的电影取材于美国公共广播公司的特别节目，影片以一种通俗易懂又引人悲悯的哑剧形式，展现了臭名昭著的洛杉矶“山腰绞杀手”之一的肯尼思·比安基的多重人格。

尽管有时候心理变态者会承认自己的所作所为，但是他会极力减小甚至否认对他人造成的伤害。一名在“心理变态核查表”上得分很高的服刑人员说，自己的犯罪行为实际上对受害者产生了积极影响。“第二天我拿到报纸，阅读到有关自己犯罪行为的报道——抢劫或者强奸。这些受害者会接受采访。他们的名字会出现在报纸上。例如，女人们会夸我——说我的确彬彬有礼、体贴入微、细心周到。你知道的，我不会辱骂她们。她们有些人甚至还感谢我。”

另外一名服刑人员犯下了20起入室偷窃案，他说：“当然，我是偷了东西。但是，嘿！这些人买了保险的——没有人受伤，没有人痛苦。这不是桩好买卖吗？实际上，我是帮了他们一个忙，让他们有机会获得保险金。你知道的，赔偿给他们的钱比被偷的钱还要多。通常都是这样。”

具有讽刺意味的是，心理变态者经常颠倒黑白，反而认为他们自己才是真正的受害者。

“我被骗了，做了替罪羊……当我回头看时，我觉得自己才是受害者，而不是罪犯。”约翰·韦恩·盖斯这样说，他是一个心理变态的连环杀人犯，折磨并杀害了33名年轻男子和男孩，并把他们埋在了自家的地下室里。

谈起这些受害者时，盖斯认为自己是第34名受害者。“我是受害者，我的童年被剥夺了。”他想知道，“是否会有人理解，作为约翰·韦恩·盖斯是多么痛苦。”

牙医肯尼思·泰勒在蜜月期间出轨并殴打自己的妻子，后来将妻子活活打死。彼得·马斯在这本有关泰勒的书中引用了他的话：“我是这样深爱她。我是这样想念她。所发生的事情是一个悲剧。我失去了自己最爱的人和最好的朋友……为什么就没有人能够理解我所遭受到的痛苦呢？”

缺乏同理心

心理变态者表现出的许多特征——尤其是自私自利、不知悔改、情感淡漠、欺骗成性——都和严重缺乏同理心（即无法对他人形成一种心理和情绪上的“共鸣”）有关。他们似乎无法对他人的情况“感同身受”或者“设身处地”为他人着想，心理变态者还毫不关心他人的感受。

在某些方面，他们就像科幻小说中刻画的毫无感情的机器人，无法想象人类真正的感受。一个在“心理变态核查表”中得分很高的强奸犯说自己很难同情那些受害者。“她们感到很害怕，是吧？但是，你看，我是真的不太理解。我也害怕过，但那并不是一种难以忍受的滋味。”

心理变态者把他人看作不过是用以满足其私欲的一种东西。

弱者——他们嘲笑而非怜悯的对象——是最受欢迎的目标。“在心理变态者的世界里，没有弱者这回事，”心理学家罗伯特·利贝尔说，“弱者同样也是容易上当受骗的人，也就是说，活该遭到剥削。”

“噢，太糟糕了，太不幸了。”当一名年轻的服刑人员得知在帮派冲突中被他捅了的男孩已经死了的时候嚷道，“不要以为那种废话会让我感到难受。那个小废物活该，我才不会想这些事呢。你瞧，”——他朝审讯人员做了个手势——“我自己现在还有麻烦呢。”

为了使身体和心理免受伤害，针对某些特定人群，有些正常人会发展出一定程度的麻木不仁。例如，对患者产生过度的同理心的医生很快就会变得过于情绪化，而这会降低其医术水平。对他们而言，麻木不仁是有条件的，仅限于一种特定目标群体。与此类似，士兵、黑帮成员、恐怖分子会接受一些训练，将敌人视为更低等的人类，视为行尸走肉，历史已经反复证明了其有效性。

然而，心理变态者普遍缺乏同理心。他们对家庭成员和陌生人的权利、痛苦一概漠不关心。如果他们还与配偶或孩子保持联系，那也仅仅是因为他们把家庭成员看作自己的财产，就像音响或汽车一样。事实上，我们不得不得出以下结论，即一些心理变态者更关心自己汽车的内部运行机制而不是他们“深爱的人”的内心世界。我们的一名被试允许男友对自己5岁的女儿进行性骚扰，因为“他使我筋疲力尽。那晚我不能再做爱了”。这个女人无法理解政府机构为什么要把她的孩子带走抚养。“她是我的。她过得好坏是我的事情。”然而，她并没有提出太多抗议——在抚养听证期间，当她的汽车由于未缴纳路桥费而被扣留时，她提出的抗议甚至还要多一些。

由于无法体会到他人的感受，因此一些心理变态者能够做出常人不仅感到恐怖而且倍感困惑的行为。例如，他们在折磨和肢解受害者时，感觉就好像我们在切感恩节晚餐上的火鸡一样。

然而，除了在电影和书籍中，极少有心理变态者会犯下这类罪行。他们的麻木不仁通常不会以这么戏剧性的方式表现出来，但是仍然具有毁灭性：像寄生虫一般吸食他人的财产、积蓄和尊严；粗暴地、随心所欲地抢走他们想要的任何东西；不知廉耻地忽视家人的身体和心理感受；沉溺于永无止境的、随随便便的、毫无感情的、微不足道的性关系中，诸如此类。

康妮15岁了，正介于女孩和女人之间，有时候在一天里会和不同的人约会。她还是个处女，但是非常关注自己与日俱增的性感，就像一个人在全神贯注地倾听自己心中的一首歌。但是在一个家人都不在的闷热日子里，有个陌生人来到了她的家，这个陌生人说自己一直都在关注她。

“我是你的爱人，亲爱的”，他对她说，“你还不知道那种感觉，不过你会知道的……我知道你的一切……我会告诉你那种感觉是什么，我对第一次总是很在行。我会紧紧抱着你，你不会想要逃走或是假装什么，因为你知道自己办不到。我会进入你身体里最私密的地方，你会向我屈服，你会爱上我——”……“我要报警了——”……一句脏话脱口而出，他虽是低声咒骂，康妮却听得一清二楚，他语速极快似乎没想让她听见。随后他的脸上又露出了微笑。她看着他尴尬的微笑，感觉拙劣不堪，就像戴着假面具。他的整张脸就像一副面具，她胡思乱想着。“事情就是这样，亲爱的。你快出来，然后我们开车离开这里，来一次快乐的旅行。但是如果你不出来，我会一直等到你家人回来，那时候他们全都会遭殃……我亲爱的蓝眼睛小姑娘。”他用唱歌般的声调说道，而实际上康妮的眼睛是棕色的……（乔伊斯·卡罗尔·奥茨，《你要到哪儿去，你曾去过哪儿？》）

说谎成性且善于操纵

满口谎言、欺骗成性、善于操纵，这是心理变态者的典型特征。

他们想象力丰富，只关心自己，因此令人惊讶的是心理变态者毫不担心自己可能——或者甚至肯定——会被揭穿。当谎言被揭穿或者事实摆在眼前时，他们很少会表现出惊慌失措或者尴尬难堪——他们不过是修改一下故事，或者企图篡改事实，使它看上去与谎言保持一致。这样做的结果就是说出的话相互矛盾，听者也是一头雾水。许多谎言似乎并没有什么明确动机，除了心理学家保罗·埃克曼所说的为了获得一种“骗人的快感”。

“我是一个感情非常丰富的人。你们会情不自禁地爱上这些孩子”，基尼恩·琼斯说。她已经被判定杀害了两名婴儿，并且警方怀疑除此之外她还至少杀害了12名以上的婴儿。她是圣·安东尼奥的一名实习护士，在一家特别护理中心给新生儿服用了致命的药物，目的是自己能扮演英雄的角色，将那些婴儿从“死亡边缘”拉回来。尽管她在许多婴儿死亡事件和紧急抢救中扮演的角色引起了人们普遍的怀疑，但是由于她“迷人的外表”、极其自信的表现、令人信服的行为，以及令人震惊的医学外表，她依然继续进行着不法行为。在与作家彼得·埃尔金德的谈话中，琼斯抱怨说自己“是只替罪羊，因为我说话太不注意了。我太口无遮拦了，”她咧嘴笑着说，“我的嘴巴也会让我摆脱这一切。”与所有心理变态者一样，她表现出了一种超常能力，以篡改事实达到自己的目的。“在我们的谈话即将结束时，”埃尔金德写道，“我已经从琼斯那里了解到了她对自己的评价，但这评价与我从几十个认识她的人那里收集到的资料大相径庭。它与现实的相左之处不仅仅在于她的罪行方面……还有成百上千的生活细节也都存在大量出入。除了她自己，没有人认同她的这些说法。琼斯矛盾的地方不仅体现在她的自我评价与别人对她的印象及大量的文档记录有极大的差异，还体现在她所说的话与4年前她本人亲口对我讲述的事实不符。……对她而言，事实与虚构、善良与邪恶、正确与错误之间的界限并不重要。”（彼得·埃尔金德，《生死之间》）

心理变态者似乎对自己说谎的本事引以为豪。当被问及她是否满口谎言时，这个在“心理变态核查表”上得分很高的女人笑着回答说：“我是最善于撒谎的。在撒谎这方面我的确很在行，我想这是因为有时候我会承认自己在某些方面犯了错。因此，他们会想，嗯，如果她承认在这些方面犯了错，那么她在其他地方一定会说真话。”她还说自己有时候也会说一些真话，以此来“隐藏自己”。“如果他们认为你说的话有些是真的，那么他们通常就会认为你说的话都是真的。”

许多旁观者发现，心理变态者有时候根本意识不到自己在撒谎，似乎那些话自然而然就说出来了，即便他们知道旁观者了解事实的真相。心理变态者毫不介意被称为谎话精，这太不同寻常了，它使得听者禁不住怀疑说话人是否神志清醒。然而，更常见的情况却是，听者相信了这些话。

在为心理健康和司法工作人员举办的工作坊中，成员们知道了访谈录影中一名被试的犯罪史后，通常都会惊讶不已。这个被试是一名外表英俊、语速很快的24岁男子，他为出狱后的生活制订了成千上万个计划，认为自己有着取之不尽的、有待开发的才能。他滔滔不绝、令人信服地述说了自己的经历：

- 8岁时离家
- 11岁时开始飞行；15岁时拿到飞行驾照
- 曾是一名经验丰富的商用双引擎飞机驾驶员
- 在四大洲的9个不同国家居住过
- 经营过一幢公寓楼

- 拥有过自己的屋顶修理公司
- 经营了一年的牧场
- 当过6个月的森林消防员
- 当过两年的海岸警卫队队员
- 曾是一艘25米长的包租船船长
- 当过4个月的深海潜水员

如今他正因为谋杀罪而服刑，虽然他的4次假释申请都已经遭到了拒绝，但是他仍然满脑子都是各种计划：进入房地产业，销售度假公寓，获得商用飞机驾驶执照，等等。他还打算与自己的父母住在一起，而他们已经17年未曾谋面了。谈到接受的心理测试时，他说："我智商很高，成功地通过了所有的测试。他们认为我非常聪明。"

我们都叫他"马达嘴"，这名字的由来不言而喻。他的人生哲学是什么？"如果你扔的大便足够多，总会扔中的。"这似乎行之有效，因为他甚至使老于世故的旁观者都相信了他。例如，一名访谈者的记录中有这样一些话："令人印象深刻""真诚而直率""掌握了良好的人际交往技巧""机智灵敏而善于表达"。然而，访谈者阅读了他的档案后却发现，这名服刑人员告诉他的一切全部都是谎言。不用说，这个人在"心理变态核查表"上的得分很高。

考虑到心理变态者花言巧语和信口雌黄的能力，意料之中，他们能非常成功地欺瞒、诈骗、摆布、操纵他人，并且良心丝毫不受谴责。他们通常直截了当地说自己是老千、皮条客或者诈骗大师。从他们的话中常常可以看出，他们相信世界由“给予者和索取者”“猎人和猎物”所组成，不去掠夺那些弱者简直愚蠢至极。此外，他们也能够非常敏锐地找出哪些人是弱者并利用他们以达到自己的目的。“我喜欢摆布别人，我现在就在摆布你。”一名被试说。他今年45岁，因为股票诈骗而首次入狱。

他们使用的操纵方式有些非常周密、构思精妙，但是有些却十分简单：同时把几个女人捆绑在一起，或者使家人和朋友相信自己需要一笔钱来“摆脱困境”，无论计划是什么，他都会表现得冷静、自信，而且厚颜无耻。

“哦，70年代”，在我撰写本书时，一位接受采访的社会活动家回忆道，“那时候我成立了一家刑满释放诈骗犯收容中心，花时间为这些人提供咨询，帮他们找工作，并且四处筹集资金以维持中心的正常运转。有个家伙假装成我最好的朋友——我的确很喜欢他，他刚开始温顺得像一只猫。可是随后他就翻脸不认人，把我扫地出门。他不止一次把我的东西洗劫一空：打字机、家具、食物、办公用品，所有的一切。第一次事件后，他想方设法说服我相信了他的愧疚和抱歉，我真不敢相信自己当时竟然听信了他的话，但我就是相信了。大约一个月后，他伪造了一张支票，取走了我银行账户里所有的钱。这一次他消失了，而那次冒险也就此告终。我不得不站在银行里，手拿一大沓透支通知单向银行解释。时至今日它仍让我懊恼不已，因为我不是一个容易被打动的人。我已经习惯了与一些非常难缠的家伙打交道，并且自认为知道如何避开这类人的陷阱。我从来没有想到过自己会完全任由他摆布，而在接下来的几周里，我不得不给自己找份工作谋生。”

心理变态者能像欺骗敌人一样欺骗朋友，因此他们能轻而易举地欺骗、敲诈、挪用公款，销售伪造的证券和毫无价值的房产并从中谋利，干着五花八门、大大小小的行骗勾当。一名被试告诉我们，他在码头上闲逛时，发现一对年轻夫妇在看一艘写有“出售”字样的大帆船。他走向那对夫妻，神态自若地自我介绍说自己是那艘船的主人——他告诉我们“他完全就是在胡说八道”——并邀请他们上船参观。在船上度过了一个小时的快乐时光后，那对夫妇决定购买这艘大帆船。条款协商好了以后，他同意第二天在银行和那对夫妇见面，并要价1 500美元。在友好地道别后，他把支票兑换成了现金，从此以后就再也没有见过那对夫妇。

“钱来得太容易了”，另一位心理变态者说，她有许多的诈骗和小偷小摸作案史。“他们说不是，但就是这样。我也不想对别人这样，但是骗人实在太容易了。”

同样的道理，监狱中的心理变态者通常学会了使用相关本领来达到自己的目的，并使自己给假释委员会留下一个积极印象。他们会去上课，学习学位课程，参加戒毒、戒酒的项目，加入宗教或类似宗教的组织，做一切有利于自我提高的事情——不是为了“改过自新”而是为了看上去他们似乎正在努力。例如，常常可以看到一名特别老练的骗子宣称自己获得了基督教所说的“重生”——不仅仅是为了说服假释委员会相信自己的确在努力改过自新，而且也是为了欺骗和利用充满善意的重生协会……更不用说其他方面的物质支持了。此外，现在人们普遍接受了“虐待循环”论，许多心理变态者都喜欢把自己的过失和问题归结于童年时期受到的虐待。尽管他们的话可能难以验证，但是总有一些善良的人们愿意相信这些话。

想想看：怎样才能让别人听从你的话？然后再想想：怎样才能让他们听你的话，并做出与其自身人格特点完全不符的、从小就知道是不对的、危险的、不敢想象的那些事情？——例如，跟一个你从未谋面的男人上车，特别是当你是一个远离家乡的年轻漂亮姑娘时。

泰德·邦迪，他也许是美国最引人注目、最广为人知的连环杀人犯——由于残忍地杀害了多名年轻女性于1989年被处决——他一定从各种角度对这个问题进行过长时间的思考。他一定充分运用了自己异常敏锐的观察力，而大学时期的心理学课程也培养了这种观察力。他一定丰富了自己对人类困扰和弱点的认识和经验——在心理危机热线上给同龄人做咨询的工作经历使他在这方面得到了锻炼。我们无法准确地知道，当他开始引诱受害者上车并把她们带到受害地点时，心里在想什么。但我们能够肯定的是，基于他对以上问题的回答，以上假设是正确的——根据报道，他不停地变换着伪装，试了一遍又一遍，以达到目的。

泰德·邦迪为自己买了一副拐杖，甚至不惜给自己的腿打上石膏。这样，他就暂时“残疾了”，然后他向那些行色匆匆，但富有同情心的年轻女孩求助，她们不会理睬路人，但是显然会停下脚步帮助一个腿部残疾的男人。邦迪的伪装多种多样——有时候他给胳膊打上绷带，然后在人来人往的大街上寻找心甘情愿的受害者；有时候，他装成腿有残疾，把目标锁定在娱乐区的年轻女孩，请她们帮自己把小船——“它就在公路那边”——系到车上。令人可怕的是，他在这方面是个天才。这些伎俩偶尔也会失败，他拦下的女人拒绝跟他走，但是，正如安·鲁尔在《我身边的陌生人》中所写到的那样，它确实非常管用。

鲁尔在书中探讨了邦迪如何运用其英俊的外貌和迷人的魅力来赢得女性信任的高超技巧。一个令人惊讶的巧合是，鲁尔曾经在警察局工作，详细记载过一个尚未侦破的、10名年轻女性受害的连环杀人案，而在此之前，她曾经和邦迪在心理危机咨询热线的同一专线上共同工作了好几年。随着被害人数的增加，鲁尔的怀疑开始与日俱增。但是表面上，在她的记忆中邦迪富有同情心而且——正如她在书中所写——颇为性感和迷人，在从事夜间热线工作时他就坐在她办公桌的对面，而这种怀疑必须打败头脑中的记忆。后来鲁尔不再从事警局文员的工作，而是成为一名畅销犯罪小说家，这使她有机会通过这个特殊的巧合而从内部去展现邦迪控制他人的超凡能力。结果如何呢？描写心理变态者的一本奇特而怪异的著作问世了。而当电视主持人询问他，是否认为自己被判死刑是罪有应得时，邦迪回答说：“问得好！我想我们应当保护社会不受我或者像我这样的人的伤害。”

情绪感受肤浅

“我是你平生见过的最冷血的狗杂种。”在最后被捕时，泰德·邦迪向警察这样描述自己。

心理变态者似乎在情绪上十分贫乏，而这限制了其感情的深度和范围。尽管有时候他们显得冷酷无情，然而却倾向于表现出一种戏剧性的、表面的、短暂的感情。细心的观察者所获得的印象是，他们不过是在演戏，在表面之下并无多少真情实感。

有时候他们宣称自己经历了强烈的情绪，但无法描绘出各种微妙的情感状态。例如，他们将爱等同于性欲、将悲伤等同于受挫、将愤怒等同于急躁。“我相信各种情绪：憎恨、愤怒、色欲和贪婪。”“黑夜幽灵”理查德·拉米雷斯说。

枪杀了自己三个幼子的戴安·唐斯进行了如下评论，而她的话会使人们感到非常困惑，她为什么会说出如此令人匪夷所思的话来？并且怀疑她内心情感到底是怎样的。被判有罪的多年以后，唐斯依然坚持说，自己的孩子，还有她本人，实际上都是被一个“头发浓密的陌生人”击中了。当谈及自己是如何得以逃生时（她声称自己的手臂受伤了，但陪审团认为她是自残），唐斯说：

每个人都说，“你真是太幸运了！”嗯，我并不觉得很幸运。我在两个月里都没办法把该死的鞋带系上！伤口很痛，现在还是很痛，我的胳膊里有钢板——我还要受一年半的罪。伤疤永远也消不掉了。不管我愿不愿意，我以后一直都会记得那个晚上。我并不觉得自己很幸运。我觉得我的孩子们才真是幸运。如果我也像他们那样被击中了，那么我们就都已经死了。

心理变态者显然缺乏正常的感情和情绪深度，正因为如此，心理学家 J. H. 琼斯和 H. C. 奎伊才会说他们“听得懂歌词但听不懂音乐”。例如，在一本关于憎恨、暴力并试图使其行为合理化的杂乱无章的书中，杰克·阿尔伯特的言论揭示了一个真相：“这些情绪——一切各不相同的情绪——我只能通过字面意思、通过阅读和自己贫乏的想象力来理解它们。我能够想象自己感受到了这些情绪（从而知道它们是什么），但是实际上我并没有。虽然我已经37岁了，但我只不过是个早熟的孩子。我冲动起来就像个孩子。”

许多临床医生指出，心理变态者的情绪很肤浅，不比原始情绪——对迫切需求的原始反应——深刻多少（我将在随后章节中讨论该问题的最新研究发现）。例如，我们的一名28岁的心理变态被试，是个高利贷“追债人”，他这样描述自己的工作：“我不得不打那些不想还钱的人。首先我得让自己很生气。”当被问及这种愤怒是否不同于受到他人侮辱或者被利用的时候，他回答说：“不。这完全一样。我能够很自如地控制，完全没有问题。我能马上就变得很生气。生气和不生气都很容易。”

研究中的另一名被试说他并不能真正明白旁人口中的“恐惧”是什么意思。然而，“在我抢银行的时候，”他说，“我发现出纳会浑身发抖或者结结巴巴。有个人还吐在钱上了。她的心里一定害怕极了，但是我不知道为什么。如果有人拿枪指着我，我想我会感到害怕，但是我不会吓得全身发软。”我们要他描述一下，如果自己身临其境时会有什么感受，他的回答却没有提及身体上的感受。他说的是诸如此类的事情，“我会给你钱”“我会想出各种办法打倒你”“我会试着逃出去”。当被问及他会有何感受，而不是他会想什么或者干什么时，他似乎感到困惑不解。被问及他是否会心跳加速或者肠胃翻滚时，他回答说：“那当然！我又不是机器人。我在做爱或者打架的时候就会心跳加快。”

通过生物医学记录仪，实验室研究已经表明心理变态者缺乏与恐惧相关的生理反应。这项发现的意义在于，对于大多数人而言，由于害怕疼痛或者惩罚而产生的恐惧感是一种不愉快的情绪和强大的行为动力。恐惧阻止我们不去做某些事情——“如果做了，你会感到后悔”——同时它也促使我们做其他一些事情——“如果不做，你会感到后悔”。在每一种情况下，正是对后果的情绪觉察促使我们采取一种特定的行为。然而心理变态者却并非如此，他们愉快欣喜地前行，或许知道将会发生什么但并不真正放在心上。

“尽管他的社会地位很高，但他的确是我所见过的最危险的反社会人格障碍患者之一。”高等法院的法官在对37岁的诺曼·拉塞尔·荣伯格进行了判决后这样说道。拉塞尔是圣何塞一名备受尊敬的律师，却残忍地杀害了被他盗用了资金的一名客户。他的第三任妻子特丽最初为他提供了不在犯罪现场的证词，她说自己初次遇见他时，“他看上去很不错，声音柔和，非常有魅力。”但是她也指出，“从一开始，拉塞尔在谈话中就表现得情绪贫乏，他不能像其他任何人那样感受事物；不知道何时哭泣，何时感到快乐。”特丽同时还评价说，“他过着一种机械情绪的人生”，而且“他阅读自助类的心理学书籍，以此学习如何对日常事件作出恰当的情绪反应”。

当他们的婚姻开始出现危机时，拉塞尔试图说服自己的妻子是她疯了。“我在心理咨询过程中会大爆发，”她说道，“可是拉塞尔会镇静、亲切、理智地坐在那里，然后他会对治疗师说，‘看到我的处境了吧？’而我就会大喊大叫地说，‘不是我。是他疯了！’但是咨询师相信了他的表演，他说如果我抱怨丈夫的一切，我们的婚姻关系就永远也无法得到改善。”

随后拉塞尔制订了一些方案来处理自己与妻子之间的问题，并把它们写在了一张纸上：“什么都不做”“向法庭提出抚养申请”“把女儿们带走，不杀死”“把4个女儿都杀死”“杀死女儿们和特丽廷”。他的缓刑裁决法官评论说，这份清单显示出，“这个人心里想着杀死自己的亲生骨肉时，就如同某人在思考各种汽车保险方案。对于一个灭绝人性的人来说，这只不过就是一张洗衣清单”。

谈及拉塞尔对菲莉丝·王尔德的谋杀时，他的妻子说：“我看见他时，他刚刚在几个小时前把她打死。他的行为举止没有任何异常……没有恐惧，没有悔恨，什么都没有。”

在对法官的陈述中，特丽请求说：“请看看他内心的魔鬼；

不要只看到他伪装出来的被社会认可的面具。”她表示自己很害怕他最终会回来找她，“我知道会发生什么。他会成为模范囚犯，让其他囚犯和监管人员都喜欢他。最终他会被调换到警戒级别最低的地方。然后他就会逃跑。”（摘自赖德·麦克道尔的《形象》，1992年1月26日）

对于我们大多数人来说，恐惧和忧虑伴随着各种不愉快的身体感受，如手心出汗、怦怦地心跳、嘴唇发干、肌肉紧张或者虚弱无力、颤抖，以及胃里“翻江倒海”。实际上，我们经常会用伴随出现的身体感受来描述恐惧：“我很害怕，我的心都快提到嗓子眼了”“我想说话但嘴巴太干了”，诸如此类。

心理变态者的恐惧体验中并不包括这些身体感受。对他们而言，恐惧——与其他大部分情绪一样——是不完整的、肤浅的，很大程度上只是认知性的，并不会产生生理上的不适，而我们大多数人显然对这种不适感到厌恶，并且希望避免或者减少它。

第4章

档案：
生活方式

心理变态者的整个人格模式使其有别于正常罪犯。他们的攻击性更强，冲动性更明显，情绪反应更肤浅。然而，毫无负罪感是他们最重要的区别性特征。正常罪犯具有内化的尽管是扭曲的价值体系。如果违背了这些标准，他们会有负罪感。

——威廉·麦科德，琼·麦科德，《心理变态者：论犯罪心理》

在第3章中我描述了心理变态者如何看待和感受自己与他人——“心理变态核查表”中提到的在情绪/人际交往中表现出来的各种症状。但这只是该综合征的一个方面。本章将描述另一个方面：心理变态者的生活方式。这种生活方式的标志就是随心所欲地公然违背社会规则和期望。总而言之，这两个方面——一个描述了情感与关系，另一个描述了社会性偏离——提供了一幅完整的心理变态人格图。

冲动莽撞

心理变态者不会花费大量时间去衡量某行为的利弊，或者考虑可能造成的后果。一种常见的回答是“我这样做是因为我喜欢”。

由于主动要求判处死刑，得克萨斯州杀人犯加里·吉尔摩备受全国关注——而他最终也如愿以偿了：1977年他成为美国10年来第一个被判处死刑的人。在回答“如果那晚你没有被抓住，那么你可能还会有第三次或第四次谋杀吗？”这个问题时，他说道：“除非我被抓住或者被警察打死，或者有类似下场，我才会停止犯罪……我没有什么预谋，我也没有什么计划，我就是那样做了。那两个家伙真的倒霉……我的意思是说杀人不过是为了发泄愤怒。愤怒是没有原因的。杀人犯都是不可理喻的。不要企图通过理性来了解杀人犯。”

除了脾气暴躁，行为冲动通常还源自一种目标，而该目标在大多数心理变态者的行为中都起到了核心作用：获得即刻的满足、快乐或解脱。“心理变态者就像婴儿一样，沉溺于自己的需求之中，强烈地要求获得满足，”心理学家威廉·麦科德与琼·麦科德写道。多数儿童在幼年时期就已经开始延迟快乐，向环境中的各种限制妥协。父母常常会通过承诺来延迟满足两岁儿童的愿望，至少是暂时性地，然而心理变态者似乎从未上过这一课——他们不会改变自己的愿望，他们会无视他人的需求。

因此，家庭成员、雇主和合作伙伴常常会手足无措地扪心自问，究竟发生了什么事？——离职、关系破裂、计划改变、房屋被劫、受伤遭袭，而这些通常发生在一念之间。正如一位心理变态者的丈夫所言："她站起身来离开了桌子，在那之后有两个月我都没有再见过她。"

一位在"心理变态核查表"中得分很高的被试说，在去参加宴会的路途中，他决定去买一箱啤酒，却发现钱包落在了六七个街区以外的家里。由于不想再走回去，于是他捡了一块很重的木头，抢劫了最近的加油站，致使一名工作人员身受重伤。

心理变态者倾向于过一天算一天，经常更改计划。他们很少认真地思考未来，也从不担忧未来。他们同样也不大关心自己的一生有何作为。"瞧，我是个流浪汉，一个四海为家的人——我讨厌被束缚。"这是他们的一个显著标志。

有个人在我们的访谈中进行了一个类比，解释了他为什么要"活在当下"。"人们总是说开车时要小心保护自己，如果遇到紧急事件要想好怎么逃生，不要只注意我们面前的车子。但是，嘿，真正危险的正是我们面前的车子，如果我们总是往前看得太远，我们就会撞到它。如果我总是想着明天，我就没法过好今天。"

自控力差

除了冲动——由于一时受到刺激而做出某些行为——心理变态者还会对感受到的侮辱和轻视产生过度反应。多数人都能够有力地控制自己的行为；即使我们想作出攻击反应，但是通常也能够“压住怒火”。对于心理变态者来说，他们的这种控制能力非常弱，即使最轻微的刺激也足以使他们丧失理智。因此，心理变态者都表现得情绪暴躁，或者头脑发热，遭遇挫折、失败、处罚和指责时的反应会是突发暴力行为、威胁和辱骂。他们容易做出防御行为，对微不足道的小事会产生愤怒和攻击反应，而这些在其他人看来简直不可理喻。然而他们的爆发尽管可能很极端，但是一般都很短暂，他们很快就会恢复平静，似乎一切如常。

服刑人员卡尔在狱中给妻子打了个电话，得知周末她因为找不到人来照顾他们的孩子，而无法来看望自己，无法带来他要的香烟和食物，“你这个婊子，”他对着电话大喊大叫，“我要杀了你，你这个荡妇！”他用力地捶打着墙，把手指关节都打出血了，这些举动使得他的威胁看上去不像是在吓唬人。然而，电话刚一挂断他就开始和狱友们有说有笑，当狱警由于听到了部分电话内容而控告他辱骂和威胁他人时，他的的确确地感到困惑不解。

一名服刑人员在晚餐排队时被另一名犯人不小心撞到了，他随即将那人打得昏迷不醒，然后若无其事地回到了队伍中，站到了原来的位置上。尽管由于违反规定，他面临着单独禁闭的处罚，但是他对自己行为的解释仅仅是，“我被惹毛了。他插了我的队。我只能那样做”。

在一个经典的“替代”案例中，我们的一名被试与当地酒吧中身材魁梧的保安发生了争执，结果他在愤怒之下打了一名旁观者。受害者向后倒去，头撞到了桌角，两天后死了。“我怒火中烧，这个家伙当时在嘲笑我。”他责怪受害者让自己变得疯狂，指责医院的玩忽职守导致了受害者的死亡。

尽管心理变态者“极易被激怒”，并且随时可能出现攻击性行为，但他们随后的行为并没有失控。与此相反，当心理变态者“释放怒火”时，似乎他们正在怒火中烧，但是他们很清楚自己正在做什么。他们的攻击行为表现得“很冷静”，其他人在愤怒时会体验到强烈的情绪唤起，而他们却没有。例如，当被问及在愤怒中是否曾经失控时，一名在“心理变态核查表”中得分很高的服刑人员回答说：“没有。我能够控制自己。比如说，我能决定自己想把那家伙打得多重。”

对于心理变态者来说，给他人造成严重的身体和情感伤害并不稀奇，有时候这甚至是家常便饭，然而他们却拒绝承认自己无法控制情绪。在多数情况下，他们认为自己的攻击行为是对挑衅的自然反应。

寻求刺激

心理变态者需要持久、大量的刺激——他们渴望如赛车般刺激或者“游走于死亡的边缘”一般的生活。在许多情况下这种行为就是违背社会规则。

在《理性的面具》一书中（第208页），哈维·克莱克利描述了一名心理变态的精神病医生，他从不公然违法，但无法忍受其职业所要求的自我克制，于是他定期地寻欢作乐。在周末的宣泄中，他会全然不顾自己的职业身份，辱骂、侮辱，甚至武力威胁身边的女伴。

为了获取新奇和兴奋感，一些心理变态者的常用办法之一是使用各种毒品，他们还会不停地搬家、调换工作，以寻求新鲜刺激。我们访谈过的一名青少年使用一种新奇的方法使自己保持血脉偾张：每个周末，他想方设法地说服朋友们在河桥上与货运火车一起扮演“小鸡”游戏。大家都面朝火车站在桥上，谁最先跳下去谁就必须给其他人买啤酒。这个被试是一个极其善于花言巧语、说话滔滔不绝的人，他一次也没有买过啤酒。

很多心理变态者都说自己“犯罪”是为了寻求刺激或快感。当被问及是否只是出于好玩儿而做过一些疯狂或危险的事情时，一名女性被试回答道：“是的，做过很多。但我发现最刺激的事情就是带着毒品过机场。天哪！太刺激了！”

一名男性心理变态者说他喜欢自己的贩毒工作，因为它会使“肾上腺素激增”。“我不工作的时候会到酒吧去，走近某个人，向他脸上吐烟圈，然后我们会到外面打架，结果通常是他会喜欢上我，然后我们再回到酒吧里喝点酒之类的。”

电视纪录片《恶魔之心》中有一个关于G.丹尼尔·沃克的精彩片段，他的一长串犯罪记录中包括欺诈、抢劫、强奸和谋杀等，而且他还有个癖好就是和看见的每个人打官司。在接受前FBI特工罗伯特·雷斯勒的访谈时，沃克说了下面这番话：“当你逃脱了惩罚时，当然会感到很兴奋，你知道警车就在身后，而警报声正在远离。你当然会感到很兴奋……这比做爱好多了。噢，太刺激了。”

这种渴望刺激的另一面就是无法忍受枯燥乏味或单调不变的生活。心理变态者极其容易感到无聊乏味。你很少会发现他们从事一些无聊、重复、要求注意力长时间高度集中的工作或活动，或者那些需要长时间集中精力的事情。我可以想象，心理变态者可能会干好空中调度员的工作，但也只是在事情紧急和忙碌的时候。在不忙的时候，假如他们没有翘班的话，他们很可能会开小差或去睡觉。

心理变态者非常适合高危险性的工作吗？戴维·考克斯是我以前的学生，现在西蒙菲莎大学任心理学教授，他并不这样认为。他在北爱尔兰研究了英国的拆弹专家，研究的最初假设是，由于心理变态者"怒火中烧时也能保持冷静"并且强烈需要寻求刺激，因此他们擅长这一工作。然而他却发现，拆除或分解爱尔兰共和军炸弹这一工作刺激而且危险，但是从事这项工作的士兵们却把心理变态者称为"牛仔小子"，认为他们不可信任而又冲动莽撞，缺乏完成这项工作所需要的完美主义和一丝不苟。多数人在训练中就被淘汰了，有些人即使通过了训练，也干不长久。

同样，心理变态者也不可能成为优秀的间谍、恐怖主义者或黑手党党徒，原因就是他们太冲动，只关心当下，缺乏对他人的忠诚，或者不可预测、粗心大意和不可信赖——他们就如同"火药筒"。

缺乏责任感

职责和承诺对心理变态者来说毫无意义。他们的良好意愿——“我再也不会欺骗你了”——只不过是随风飘散的诺言。

他们真实的信用史令人惊诧，例如经常拖欠债务、不还贷款、空口承诺抚养孩子。“女儿是我的一切……我愿意做任何事情，只要她能够拥有我童年时候未曾拥有过的所有东西。”当社会工作者和前妻们努力从心理变态者那里搜集法庭需要的、抚养孩子的证据的努力在第一天宣告失败时，他们应对这类话保持怀疑。

心理变态者的不负责任和不可信赖在他们生活中的其他方面也有所体现。他们的工作表现反复无常，经常旷工，滥用公司资源，违反公司规定，并且通常不值得信任。他们并不看重对他人、组织或机构作出的正式或非正式的承诺。

在关于戴安娜·唐斯的书中，安·鲁尔描写了心理变态者一种典型的不负责任的养育行为。唐斯经常在没有保姆照看的情况下，就把幼小的孩子们独自留在家中。这些孩子的年龄从15个月到6岁不等，邻居说他们经常挨饿受冻、缺乏关爱，一直被忽视（有人看见他们大冬天里光着脚丫，或者没穿外套在外面玩）。尽管唐斯辩解说自己很爱孩子，然而她对他们的生理和情感需要都漠不关心，这说明事实并非如她所言。

这种对孩子——不仅是亲生骨肉而且还有那些生活在他们身边的人——所表现出来的冷漠无情在心理变态者的档案中随处可见。心理变态者认为孩子只是个累赘。有些人，比如唐斯，坚持宣称自己非常关心孩子，但是他们言行不一。他们经常长时间丢下孩子不管不顾，或者丢给不可靠的保姆照看。我们的一名被试与其丈夫把他们一个月大的婴儿留给一个酒鬼朋友照看。那个朋友喝醉之后睡着了。他醒来后忘记了还有个孩子需要照顾，于是就离开了。这对父母8小时后回到家中时，发现孩子被相关机构带走了。那位母亲对这种侵犯她抚养权的行为感到非常愤怒，控告相关机构剥夺了孩子享受母爱的权利——甚至在被告知婴儿严重营养不良时，她依旧坚持这样辩解。

心理变态者会毫不犹豫地利用家庭和朋友的资源来帮助他们获得保释，脱离困境。我们的一名被试长期以来使其父母备感失望，她劝说他们将房子抵押出去，为她的贩毒指控交纳保释金。她获得了保释，而她的父母现在却正在为保住房子而四处奔波。

心理变态者从不担心自己的行为可能会给他人带来麻烦或危险。在我们的一项研究中，一名25岁的服刑人员已经受到二十多次指控，他危险驾驶，开破车上路，肇事逃逸，无照驾驶，驾驶不当致人死亡。当被问及出狱后是否还会继续开车时，他回答说："为什么不呢？我确实开得很快，但是我的车开得很好。出了事故双方都有责任。"

近来，西方国家有位医生呼吁，在一项针对HIV病毒测试呈阳性的患者或早期艾滋病患者的研究中使用"心理变态核查表"。根据他的经验，一些HIV病毒携带者继续与健康的、毫无戒备的伴侣发生无保护措施的性行为。他想验证自己的临床猜测：在这些人中有很多是心理变态者，他们根本不在乎自己不负责任的行为会对他人产生多么可怕的后果。

一位工业心理学家曾告诉我说，显然，核能企业在挑选员工时非常小心仔细。然而他指出，常见的筛选过程——面谈、人格测试、介绍信——并不总是能够成功地鉴别出一些不负责任、不可信任的人——例如，心理变态者。

心理变态者总是能够巧舌如簧地成功摆脱麻烦——“我已经吸取了教训”“我向你保证这种事再也不会发生了”“那只是一个天大的误会”“相信我”。他们几乎能够成功地说服司法系统相信自己的善意，相信自己是值得信赖的。虽然他们总是能够设法获得保释、缓刑，或者提前释放，但是他们会将法庭的附加条件完全抛诸脑后。换言之，即使处于犯罪司法系统的直接监管之下，他们也不会履行责任。

心理变态者通常无法与他人友好相处。一个以自我为中心、自私自利、贪婪索取、麻木无情的人最不想要的就是和他相像的人。虽说一山难容二虎，不过，心理变态者偶尔也会成为犯罪好搭档——这种狼狈为奸真是他人的不幸。一般而言，搭档中的一方利用其魅力、谎言和操作而成为“发言者”，而另一方则是直接付诸行动——恐吓或暴力——的“执行者”。只要彼此臭味相投，他们就会成为“黄金搭档”。

我收集的一些案例表明了这一点。在一个案例中，两名年轻的男性心理变态者相识于一次聚会。当时一人——“发言者”——正试图说服小毒贩赊给自己一些可卡因，但没有成功。另一人——“执行者”——听到了他们的谈话，于是，按照他自己的话说，“将那家伙按在墙上，说服他给了我和我的朋友一些免费样品”。从那以后，他们做了一年的毒品交易搭档。“发言者”去找买家，安排交易，而“执行者”充当打手。但“发言者”被捕以后就立刻与警方进行交易，出卖了自己的同伙。

在另一个案例中，有位年轻的女心理变态者口齿伶俐，依靠他人为生。她常常向朋友抱怨说父母不愿意给自己足够多的钱，以维持早已习以为常的奢侈生活。她遇到了一个中年男人，而他是一名攻击性强、对社会充满敌意的心理变态者，他说：“为什么不干点什么呢？”于是，他们共同策划了一起犯罪事件，该男子准备闯入这个女子家中杀死其父母。与此同时，该女子会与朋友一起外出。这名女子向朋友吹嘘说自己很快就会发财时，阴谋便败露了。警方得到消息后，监听了这名女子的电话并收集到了足够的证据，以预谋杀人罪起诉了两人。两个人都试图通过证明对方有罪而争取自己能够从轻发落。

有时候，心理变态者会与近似精神病患者形成一种奇异而又致命的关系，前者会将后者作为杀人工具。一个众所周知的案例就是杜鲁门·卡波特所描写的理查德·希卡克和佩里·史密斯，这两人在1959年由于谋杀克拉特家族的4名成员而被判处死刑(《冷血无情》)。希卡克具有口齿伶俐的心理变态者的所有特征，而史密斯则被诊断为“几乎就是……一个妄想狂精神分裂症患者”。根据卡波特的报告，希卡克认为史密斯天生就是一名杀手，并且理直气壮地说，“在我的指导下，这种天生奇才能够得到有效的开发”（第69页）。同样的是，希卡克将谋杀的罪名都推给了自己的同伙：“是佩里干的。我拦不住他。他把他们都杀了。”（第260页）

早期行为问题

大多数心理变态者在幼年时期就开始表现出了严重的行为问题。这些问题可能包括撒谎成性、欺骗、偷窃、纵火、逃学、扰乱课堂、吸毒、蓄意破坏、暴力行为、恃强凌弱、离家出走、过早性行为。由于许多儿童都会不时表现出这样一些行为，尤其是成长于暴力环境、破裂家庭或遭到虐待的孩子，因此要重点强调的是，比起多数其他儿童，即便比起在相似环境中长大成人的兄弟姐妹或朋友，心理变态者这类行为的历史都要广泛和严重得多。例如，有一名心理变态的儿童，他来自环境良好的家庭，但在10岁或12岁时就开始偷窃、吸毒、逃学、有性行为。

幼年时期非常残忍地对待动物通常标志着严重的情绪或行为问题。例如，密尔沃基的连环杀人犯杰弗里·达莫年幼时就表现出了一些特殊嗜好，把同学和邻居们都吓坏了：用木桩刺穿狗头；把青蛙和猫钉在树上；收集动物的骨骼。

谈及自己童年时期虐待动物的行为时，成年心理变态者常常说这些不过是些家常便饭、小儿科，他们甚至乐在其中。一个在“心理变态核查表”中得高分的男人笑着告诉我们，他在10岁或11岁时用钢珠手枪杀死了“一个令人讨厌的野狗”。“我打中了它的屁股，它大叫着满地打滚，过了一会儿就死了。”

另一名因诈骗罪而锒铛入狱的被试告诉我们，当他还是一个孩子时，他就用绳子套住猫的脖子，把绳子的另一头系在杆子顶部，然后用网球拍打着小猫围着杆子转。他说自己的妹妹养了一些小狗，他就把她不想要的那些杀掉。“我把它们绑在栏杆上，拿它们的头练习打棒球。”他微笑着说。

残酷无情地对待其他孩子——包括兄弟姐妹——通常是年幼心理变态者缺乏同理心的表现之一，而同理心会使正常人克制自己的冲动，不去伤害他人，即使已经怒不可遏。“他残忍地对待保姆的玩偶，这感觉就像是一种警告，却并没有引起我们的注意。”一位母亲告诉我说：“但是当他真的想掐死摇篮中的妹妹，并用剪刀划破她的脖子时，我们惊恐地意识到，我们应该从一开始就相信自己最可怕的直觉。”

尽管并非所有的成年心理变态者在其幼年时期都会如此残忍，不过事实上，他们无一例外地都会出现各种各样的问题：说谎、偷窃、蓄意破坏、不守信用，诸如此类。

然而有趣的是，媒体经常报道说，在得知一些冷血无情的犯罪行为后，目击者和邻居们完完全全被惊呆了，“我真不敢相信他能做出那样的事情——没有任何迹象表明他会那样做”。这种反应不仅表明了心理变态者是多么善于操纵他人对自己的印象，同时也显示出目击者完全忽视了其早期经历。

成年反社会行为

心理变态者认为社会法则和他人期望太束缚人了，过于阻碍自己的行为，无法表达出自己的心愿和欲望。无论处于童年时期还是成年时期，他们都有着自己的规范原则。缺乏同理心、只关心自己、冲动、撒谎的儿童长大成人以后依旧还会如此。心理变态者终其一生都会表现出自私自利的反社会行为，这实在令人感到震惊。在很大程度上，这种持续性解释了许多研究者的发现，即反社会行为的早期表现能够较好地预测成年后的行为问题和犯罪倾向。

心理变态者的许多反社会行为都会导致违法犯罪。即使在监狱中，心理变态者也格外引人注目，这在很大程度上是因为比起其他罪犯，他们的反社会违法行为显得更加多样和频繁。在任何一种犯罪类型上，心理变态者似乎都没有什么特殊爱好，或者说"专长"，他们会尝试各种类型的犯罪。从本章前文所提到的电视节目中，我们就可以充分地看到犯罪的多样性，在该电视节目中罗伯特·雷斯勒采访了 G. 丹尼尔·沃克。以下内容就是采访中的一段对话：

"你的犯罪记录有多长？"

"我想现在的这个大概有29或30页。"

"29或30页！查尔斯·曼森的也才只有5页。"

"他只是个杀人犯。"

沃克的意思是自己不仅仅只是一个杀人犯，而且还是一个手法多样的罪犯，他似乎对此引以为豪。他曾经公开地夸口说，自己犯了三百多次案都没有失手。

并非所有的心理变态者最终都会锒铛入狱。他们的很多行为逃脱了法律的制裁或惩罚，或者游走于"法律的灰色地带"。对他们而言，反社会行为可能包括操纵股票虚假上涨、不法经营、虐待配偶或孩子；等等。其他很多人会做出一些虽然并不违法，但却不合伦理的、不道德的，或伤害他人的行为：玩弄女性、欺骗配偶、无视家庭成员经济或情感上的需要、不负责任地挪用公司资源或基金，在此就不一一列举了。这类行为的问题在于，如果没有家人、朋友、伙伴、商业合伙人的积极配合，那么很难对其进行记录和评估。

完整的画面

当然，并非只有心理变态者的生活方式才会偏离社会轨道。例如，很多罪犯也具有本章所描述的一些人格特征，但是由于他们能够感受到罪恶、悔恨、共情和强烈的情感体验，因此他们并没有心理变态。只有当可靠证据表明个体符合所有方面——即具有本章以及上一章所描述的大多数症状时，才能将其诊断为心理变态。

近来，一位刑满释放人员表达了他对"心理变态核查表"的看法：他深感震撼！现在他已经步入中年，而他成年后的时光大多都是在监狱中度过的，在那儿他被诊断为心理变态。以下是他的回答：

● 油嘴滑舌且浅薄无知——“能说会道有什么不好？”

● 以自我为中心且狂妄自大——“如果我不爬得高一点儿，怎么会有收获呢？”

● 缺乏同理心——“同情敌人是软弱的表现。”

● 说谎成性且善于操纵——“为什么要对敌人说真话呢？我们每个人都在某种程度上操纵着别人。善意的操纵不是很常见吗？”

● 情绪感受肤浅——“愤怒会让别人以为你是心理变态。”

● 冲动莽撞——“它和创造性有关，让你活在当下，自由自在。”

● 自控力差——“暴力和攻击性的爆发可能是一种防御机制，一种自我保护手段，一种在丛林中赖以生存的工具。”

● 寻求刺激——“拒绝周而复始、单调乏味、毫无乐趣的生活需要勇气。要生活在悬崖的边缘，干一些冒险、刺激、富有挑战的事情，在最大限度上生活，保持活力而不是过着枯燥无聊、行尸走肉般的生活。”

● 缺乏责任感——“不应该关注人类那些共同的弱点。”

● 早期行为问题与成年反社会行为——“犯罪记录反映的是人性之恶还是不合主流？”

有趣的是，对于缺乏悔恨与内疚感，他只字未提。

《纽约时报》近来刊登了一篇文章，作者丹尼尔·高尔曼写道："数据显示，一般来说有2% ~ 3%的人可能是心理变态——而对于在内陆城市的离异家庭中长大的孩子，这一比例将提高两倍。"然而，这一论断，以及其他人所宣称的"我们社会中的心理变态人数有所增加"，它们都将犯罪和违反社会准则的行为与心理变态混为一谈了。

尽管犯罪——以及那些有助于，但并不能完全界定心理变态的违背社会准则的行为——在下层人群中已经很多了，并且在整个社会中呈现上升趋势，但是我们并不清楚，在我们当中心理变态的相关数据是否也在逐渐增多。有些社会生物学家认为，行为发展受到了遗传因素的影响。他们可能会认为心理变态的人数一定在逐渐增加，因为这些人在性行为上毫不检点，生育了很多子女，其中有些孩子可能就会通过遗传而具有心理变态的倾向。

在随后的章节中探讨心理变态的根源时，我会对这种观点及其冷酷的内涵进行剖析。然而，在此之前，我们需要讨论一下这个谜团的已知部分。接近问题的核心后，下一步它将会带领我们去思考良心在行为调控中所起到的作用。

第5章

内部控制：
缺失的部分

与贼亲吻时，请数数自己的牙。

——希伯来谚语

1984年的夏天埃莉丝邂逅了杰弗里，她永远也不会忘记这一天。当时她正和一些朋友在海滩上玩，这时她瞟见了他，立刻被他灿烂的笑容完全吸引住了。他径直走向她，要了她的电话号码，不知为什么，他的厚颜无耻竟然使她毫无戒备——她沉溺于他的微笑与没心没肺之中。第二天他给她打了电话，并且设法出现在了她工作的地方。然后故事就这样开始了……仅仅因为一个笑容。

那时她在一家日托中心工作。杰弗里开始在她工作间隙喝咖啡的时间去找她，然后是午餐时间、回家的公车上；每次只要她一走出办公楼，杰弗里就已经等候在那里了。杰弗里很少提及自己——只说自己是个漫画家，正在努力从事自己的创作。有时候他身上有大量现金，有时候却又身无分文，要用她的钱。他居无定所，所有的衣服也都是“借来的”。“他真有趣，是个乐天派。”埃莉丝心想。当所有一切都结束的时候，她意识到他的幽默既吸引了自己，也消除了自己的戒备。当他把她的生活搅得支离破碎的时候，她却被他的笑话逗得乐不可支，并在笑声中渐渐丧失了理智。

他滔滔不绝地描绘着自己的梦想、计划和蓝图，但事后证明这一切都只是毫无意义的空谈。每次当她问及他描述的某项计划时，他都会显得十分恼怒。“噢，你说那个！我正在从事的事业要宏伟得多，要宏伟得多。”

有一天他们正在吃午饭时，他却突然被捕了。第二天埃莉丝去监狱看望他。警察告诉她杰弗里在朋友家过夜，结果第二天把朋友的照相设备给卖了。她不相信他会这么做，但是法官却深信不疑。事实表明，由于犯下多起案件，警方正在通缉他。杰弗里锒铛入狱。

尽管身陷囹圄，但他却没有对埃莉丝放手。他每天至少给她写一次信，有时一天多达三次。他通篇都在述说着自己的杰出才能和宏伟蓝图，述说着关于她以及他们将要共同拥有的生活。他几乎要把埃莉丝淹没于鸿篇大论中——一位作者曾经用“言语呕吐”来形容类似情景。杰弗里宣称，一旦自己找到释放无穷精力的地方，他就会站在世界之巅，他能够做所有的事情，他会带给她应该享有的生活——他如此深爱着她。她完全被迷惑了，以至于当他在一封信的末尾让她“送些钱来”时，她也甘心奉上。

8个月后杰弗里出狱了。他径直去了埃莉丝家，重新开始迷惑她，可是她的室友们却丝毫不为所动。杰弗里与一名室友调情，并趁另一名室友熟睡时爬上了她的床。上床后，他把她按倒在床上，紧紧地抱着她，似乎很享受她无路可逃时惊恐万分的表情。不用说，杰弗里白天黑夜都赖在这儿，导致室友们无法再继续和埃莉丝生活在一起了。

很明显，他根本不想走，也不想找工作。不过，埃莉丝仍然坚持不懈地帮他找工作。第一次面试他成功了，可是工作第一天他就从收银机里偷走了所有的钱，并且整整5天杳无音讯。随后有朋友打电话告诉埃莉丝，杰弗里在吸毒。当他再次出现时，依旧神情轻松地夸夸其谈，她向他提出质问。可是他却拒不承认所有过错。最终她还是相信了他。她就像位于溜溜球的两端，在信任、怀疑、再次信任之间左右摇摆。

埃莉丝的父母这时介入了，在他们的坚持下她去看了心理医生——他们为埃莉丝和杰弗里之间的关系而担惊受怕。他们没有被他的魅力所迷惑，常常说起他那双“奇怪而空洞的眼睛”。然而心理医生却没有对此保持警惕。他认为杰弗里“乐观向上”“相当不错”。不知为什么，看医生却让埃莉丝幡然醒悟。她决定立刻与杰弗里分手。在大街上，她告诉他一切都结束了。杰弗里抓住了她的胳膊，凝视着她的双眼。“你知道，我永远也不会让你走的。”他坚持说道，而她突然间领悟到了父母所说的关于他的眼睛的话是什么意思。“我会永远和你在一起的，埃莉丝。”

几天后她搬到了另一个公寓——而杰弗里开始跟踪她。

消息传到了她的耳边——如果她再不见他，他就要自杀，直到见到她为止。但是随后传言就变了。杰弗里不打算自杀了，他要杀了埃莉丝。很快他就找到了她，砸坏了住所的大门，揪住了她的头发。幸运的是，她哥哥提前下班过来看看，及时走了进来。看到她的哥哥，杰弗里立刻平静了下来。他微笑着打了个招呼，然后离开了公寓。

一切到此结束了，暴风雨过去了。他再也没有回来过。几年之后，埃莉丝听说杰弗里被捕了，主要是由于抢劫、敲诈以及伤害他人等罪行。他进了监狱，出狱后在渔船上工作了一阵子。她最后听到的消息是，他又进了监狱，面临长期服刑。常常令她困惑不解的是，自己为什么会一开始就对他如此信任。

对此她百思不得其解，先前几乎完全沉溺于杰弗里的魅力而随后却又深受其暴怒之苦的记忆一直缠绕着她，很长一段时间里，她都对遇到的男人满怀戒心。

埃莉丝是我昔日的学生，现在她已经从个人经历和专业训练中掌握了很多关于心理变态的知识。但是她始终难以理解，像杰弗里那样的人为什么能够轻而易举地闯入别人的生活，然后又全身而退。"对他而言，"她说道，"行为法则不过是铅笔写的一纸空文，而他有一块巨大的橡皮擦。"

自从《沉默的羔羊》书籍和电影问世以后，记者和电视节目主持人一直在问我，那个令人恐惧的主角"食人魔"汉尼拔·莱克特，既是一个出色的心理治疗师，又是一个吃人肉的杀人犯的人物设定，他是否为我们精准地呈现了一幅心理变态者画像。

显然，正如小说和电影所描述的那样，莱克特具有很多心理变态者的特征。他以自我为中心、狂妄自大、冷酷无情、善于操纵、不知悔改。但他似乎又不仅仅只是有点疯狂。电影中被称为“水牛比尔”的连环杀人犯是个异装癖，他会剥下女性受害者的皮，而他与莱克特一样，都与现实生活中的心理变态连环杀人犯爱德华·盖伊有几分类似。想到这一点，莱克特的疯狂行径就不值得我们大惊小怪了。

关押莱克特的那所精神病罪犯监狱的院长这样说道：“噢，他简直就是个魔鬼，一个彻头彻尾的心理变态。要活捉这种人可真不容易。”

当然，这种论断很不准确，但它反映了人们的一般假设，即所有的心理变态者都是恐怖的连环杀人犯，以折磨、伤害他人为乐。如果莱克特是一名心理变态者，那么他绝对称不上是个典型代表。如果确有其人的话——毕竟他只是虚构的人物——那么他只代表了一部分特殊的心理变态。连环杀人犯是极其罕见的，在北美大约不过100人。相较之下，北美的心理变态者多达200万～300万。即使所有的连环杀人犯都是心理变态者，这就意味着剩下的心理变态者并不是连环杀人犯。

换言之，一些对心理变态者的描写关注于如莱克特这样的古怪的、虐待狂一样的杀人狂，结果极大地扭曲了公众对心理变态的印象。大多数情况下，心理变态者违反法律是出于以自我为中心、荒诞的念头，以及要即刻满足一些常见的需求，而并非是为了满足怪异的权力需要和垂涎三尺的性饥渴。

违背社会规则

我们的社会制定了很多规则，一些是以法律的形式，而另一些则是以（包括是非观念等）约定俗成的形式。它们都保护着个体的权益，强化了社会结构。害怕遭受惩罚当然有助于我们遵纪守法，不过大家遵守规则还出于其他一些原因：

- 可能被逮捕的理性判断
- 有关善恶的哲学与伦理学观点
- 赞同我们的社会需要合作与和谐
- 能够考虑和感受他人的情感、权利、需要与幸福

学会使自己的行为符合社会规范和法则，这称为“社会化”，它是一个复杂的过程。就实践水平而言，它教会儿童“如何去做”。在该过程中，社会化——通过父母养育、学校教育、社会经验、宗教训练等——有助于形成一种信仰、态度与个人价值体系，它决定了我们如何与周围的世界相互作用。社会化同样还有利于“良心”的形成，它是一种讨厌的内部声音，有助于我们控制自己的怒火，而在情绪失控时会使我们感到内疚不安。这种内部声音与内化了的社会规范和法则协同运作，其功能就如同一个“内部警察”，即使在没有许多外部控制的情况下，如法律、他人对自己的期望、现实中的警察，它也会管理控制着我们的行为。毫不夸张地说，正是我们的内部控制使得社会能够正常运行。与之相比，

心理变态者完全置社会规则于不顾，而普通民众集体对他们的行为深感惊讶和困惑，这表明我们实际上已经完全被"内部警察"所控制了。

然而，对于如杰弗里这样的心理变态者而言，通常有助于良心的形成的社会经验从未起到过掌控作用。这种人的内心缺乏一种声音去指导他们，他们知晓社会规则，却只是选择性地遵从，不顾对他人造成多大影响。他们几乎毫不压抑自己的愤怒之情，而越轨行为也不会引起他们的内疚。没有了唠唠叨叨的良心，他们毫无顾忌地满足自己的需要与欲望，肆无忌惮地做自己想做的事情。任何反社会的行为，小到小偷小摸，大到血淋淋的凶杀，都有可能发生。

我们并不知道为何心理变态者的良心——如果他们还有的话——会如此脆弱。不过，我们可以进行一些合理的猜测：

- 心理变态者缺乏体验情绪反应——恐惧与焦虑——的能力，而这种情绪反应是良心的主要来源。

在多数人身上，童年早期的惩罚会导致社会禁忌与焦虑感受之间持续一生的联系。惩罚所引发的焦虑有助于形成压抑行为。事实上，焦虑甚至有助于产生压抑行为念头："我想拿走这些钱，但是很快就打消了这个念头。"

但是对于心理变态者来说，社会禁止的行为与焦虑之间的联系脆弱无力，可能遭受惩罚的威胁也无法阻止他们。也许正是出于这一原因，杰弗里的被捕与入狱记录看上去就像一名健忘症患者的犯罪记录：任何惩罚都毫无作用，无法使其停止满足自己的冲动。

心理变态者非常擅长聚精会神于最吸引自己的东西，对其他东西全然不顾。一些治疗师将该过程类比为窄射线探照灯，它每次只聚焦于一个东西。还有些治疗师认为，它类似于猎食者在捕食猎物时的全神贯注。

这种注意力高度集中的特殊能力可能是好事，也可能不是，它取决于具体情境。例如，明星运动员们通常都在很大程度上将自己的成功归功于专注的力量。如果击球手的视线离开了球去看一只飞过的小鸟，或者在队友大喊自己的名字时暂时走神了，那么他就不大可能提高自己的击球率。

另一方面，许多情境相当复杂，要求我们同时关注好几件事情。如果我们只关注自己最感兴趣的东西，那么就可能会忽视其他一些重要东西，例如一个危险信号。心理变态者常常正是如此：他们太过关注获得的奖赏与自己的快乐，而忽视了危险警告的信号。

例如，在第二次世界大战中一些心理变态者由于勇敢无畏地充当战斗飞行员而获得了尊敬，他们对目标坚持不懈，就如同蚂蚁搬食。不过，这些飞行员常常无法注意到一些平淡无奇的细节，如燃料供给、高度、地点，以及其他飞机的位置。有时候他们成为英雄，然而更普遍的情况却是他们丢了性命，或者成为他人眼中的机会主义者、特立独行者，或是飙车党，不值得信赖的人——他们只会关心自己。

- 心理变态者的“内部语言”缺乏情绪冲击力。

良心不仅取决于设想后果的能力，而且还取决于“为他人设身处地着想”的能力。例如，苏联心理学家 A.R. 鲁利亚就指出内部语言——内部的声音——在调节行为上起到了关键作用。

但是心理变态者在自言自语时，他们只不过是在“照本宣科”。当杰弗里试图强奸埃莉丝的室友时，他可能也曾想过，“他妈的，如果我这样干了，可能会为此付出代价。我也许会感染艾滋病，她可能会怀孕，或者埃莉丝会杀了我”。但是即使这些念头的确曾在他脑海中一闪而过，它们所引发的情绪反应也不过等同于他想到“今晚我要看球赛”时的情绪反应。因此，他从未严肃认真地思考过只顾自我满足的行为会对相关人群，包括他自己所造成的后果。

- 心理变态者在心理上“勾画”出其行为后果的能力欠佳。

具体的奖赏与模糊的后果间的对抗——显然奖赏是更有力的竞争者。而内心设想的可能会对受害者造成的后果显得尤其微不足道。因此，在杰弗里眼里埃莉丝并不是伴侣，只不过是一种“消遣”——一个提供住所、衣物、食物、金钱、消遣和性满足的人。

他甚至根本从未想过自己的行为会对她造成什么样的后果。当他清楚地知道，自己再也无法从与她的交往中捞得好处时，他会毫不犹豫地瞄准下一个目标。

他们有所选择

当然，心理变态者也并未完全无视维持社会运作的各种规则与禁忌。毕竟，他们也不是机器人，只会盲目地对短暂的需要、冲动和机会作出反应。只不过，他们比我们更加随心所欲地挑拣、选择那些自己乐于遵从的规则和制度。

对于大多数人来说，仅仅出于对预期惩罚的恐惧都会起到控制我们行为的作用。在某种程度上，自我价值问题在我们的内心摇摆不定。结果就是，我们不停地试图向自己和他人证明我们是正常人：诚实可信、值得信赖、聪明能干。

形成鲜明对比的是，心理变态者在对情境进行评估时想的是——他可以从中得到什么好处、付出多少代价——却没有一般人通常会有的焦虑、怀疑，以及担心遭到鄙视、给他人带来痛苦、未来计划受到破坏等。简而言之，在将愿望付诸行动时，有良心的人会想到各种可能的结果。对于那些社会化良好的人，要像心理变态者那样去想象世界几乎是不可能的。

我在西温哥华经常沿着海堤边的铁轨慢跑，这条铁轨一天只有几列火车通过。大约一年前的一天，禁止车辆通过的信号灯亮了，车辆都停下来等待。我刚好跑完步在旁边休息。很快我就意识到，虽然信号灯还在继续闪，但是它已经出现了故障，并没有火车驶来。然而，即使大多数车辆都已经开始挪动了，等在最前面的那辆车却一直原地未动。十分钟后我离开时，信号灯还在不停闪动，而第一辆车仍然还未发动。

我们可以把这辆车的司机与心理变态者视为分别位于内部控制这条线的两端。前者将规则奉为神明，而后者则对它们全然不顾。一个是被动地服从绝对权威的内部声音所发出的命令“不行”；而另一个则是“管他呢”。

对于那些内心想法与外部社会相互矛盾的人来说，这种内部声音让他们感到痛苦困扰。正如在1968年的法国学生抗议中有人在墙上的涂鸦之作，“我们每个人的内心都有一个沉睡的警察。必须杀死他”。

心理变态的写照

圆滑世故的行骗老手和冷血无情的杀人狂魔丝毫不受社会和良心的约束，而普通大众对他们的疯狂着迷也是前所未有。《盗亦有道》《苦难》《午夜惊兆》《与敌共眠》《烈日营救》《爱情、谎言与谋杀》《微不足道的牺牲》《恐怖角》《以孩子的名义》，以及尤其令人惊悚的《沉默的羔羊》，它们只不过是至今为止最受欢迎的电影中的一小部分。如今，再现真实犯罪案件的栏目是主流电视节目之一，例如“真实再现”“现场报道”，以及“美国最高通缉犯”等。

1991年2月10日，布鲁斯·韦伯在《纽约时报》上发表了一篇文章，题目为“讨好潜伏在深处的心理变态者”，他提醒我们，讲故事的人着迷于“完全扭曲的心灵”屡见不鲜：“从伊阿古到诺曼·贝茨，杰基尔博士到哈里·莱姆，弗拉基米尔·纳博科夫的亨伯特·亨伯特到大卫·林奇的利兰·帕尔默/鲍勃，在书本、舞台、屏幕上，人们一遍又一遍地通过虚构揭示出恶行背后的逻辑。如果想象力枯竭了，作家和演员们就从冷酷的现实中寻求灵感：比如说开膛手杰克、莉琪·波登、迪克与佩里、加里·吉尔摩、查尔斯·曼森。”

问题是，为什么？我们如何解释，良知泯灭的人格能够如此可怕地操纵我们集体的想象力？“显而易见，邪恶是诱人的。”韦伯写道，“这并不仅仅只对于那些小说家来说是如此。从无伤大雅的粗暴行为到邪恶的违法犯罪，显然公众都想了解不良行径的表现。这也提供了一种途径来解释为什么心理变态者，作为行径邪恶却又不知悔改者的化身，在公众的意识中占据了如此牢固的地位。

韦伯的这一想法与司法精神病学家罗纳德·马克曼的看法不谋而合，前者（与多米尼克·博斯科合作）撰写了《与魔鬼同行》一书，书中介绍了马克曼对杀人犯的专业研究。这位精神病专家提出，作为观众，我们认同心理变态者，在毫无内部控制的情绪下释放出我们对生活的幻想。“他们内心的某些东西也正是我们内心所具有的，它使我们为之陶醉，并吸引我们去发现那种东西到底是什么。”马克曼写道。韦伯在访谈中甚至说得更直白：“在这身皮囊之下，我们大家都是心理变态者。”

纽约西奈山医学中心的精神病学家乔安妮·英崔特开设了一门课程，名为“现实与电影中的心理变态者”，她在课堂上解释了电影是如何发展成为现实认同，即将观看电影从一种普通寻常的好奇上升到了受情绪控制的偷窥狂行为。她说：“电影使我们轻而易举地堕落到了偷窥的邪恶快乐之中。光线昏暗的房间瓦解了我们意识的道德世界，使我们能够关注于一种不受超我（良心）束缚的内部状态。在黑暗包围中，在意识恍惚中，我们享受着攻击的快乐和性的满足，而不必为此付出代价。”

对于那些心理健康的人来说，这些观影体验可能颇为有益，提醒他们心理变态者所造成的威胁和破坏。另一方面，对于那些尚未形成良好的内部标准，或者患有严重心理疾病，或者与主流社会格格不入的人来说，这些体验可能为他们提供有力的角色示范。

毫无缘由的反叛

1944年，精神分析师罗伯特·林德纳发表了犯罪心理变态学的一项经典研究：《毫无缘由的反叛》。林德纳认为心理变态是一种瘟疫、一种可怕的力量，人们远未认识到其潜在的破坏性。他从心理变态者与社会的关系角度，将其描述如下：

心理变态者是违反现行制度与法规的反叛者、异教徒……是毫无缘由的反叛者，是不喊口号的鼓动者，是毫无纲领的革命者；换而言之，其反叛目的在于满足私欲，他无法为了他人而奔走。他的一切努力，无论其伪装程度如何，都只不过代表了满足其即刻欲望和需要的企图。（第2页）

文化可能在不断改变，而心理变态者的“反叛”则一如既往。早在20世纪40年代中期，林德纳就已经指出，通常在社会边缘可以发现那些心理变态者，在那儿他们“闪耀着个人自由的灿烂火花，那儿没有社会组织的检查和羁绊，无论在生理或心理意义上都毫无束缚”。（第13页）

如今，在我们身边心理变态者几乎无处不在，因此我们得扪心自问就显得尤为重要。譬如为什么我们对电影、电视以及充斥市场的大量书籍和杂志中的心理变态者的好奇心日渐浓厚？为什么越来越多的年轻人从事暴力犯罪？我们的社会到底出了什么问题，才会让一位专家这样说道：

你们今天所看到的年轻罪犯对受害人冷漠无情，更有可能伤害和杀死他人。在年轻罪犯中，对受害人缺乏同理心只是让整个社会备感苦恼的问题的表象之一。心理变态者的普遍立场在如今已是司空见惯，认为我们应该为他人幸福负责的观念已经日渐淡薄。

是否在不知不觉中，我们已使不断进步的社会成了心理变态者滋生的温床，甚至是“培育杀人狂的沃土”？正如报纸告诉我们的那样，该问题正在变得日益迫切。

第6章

犯罪：合乎逻辑的选择

如果犯罪是一种工作，那么心理变态者就是最佳人选。

在弗里茨·朗1931年的经典电影《凶手M》中，彼得·罗扮演了一个虐童狂/杀人犯，每当他冲动难耐时就会在大街上掠走那些不幸的受害者。警方无法找到凶手，于是黑帮成员与罪犯们就自己动手捉拿凶手。一旦发现谁是凶手，那些穷凶极恶、令人毛骨悚然的不法之徒和暴民就会把他带到废弃的酿酒厂，并在他们的地下法庭对其进行审讯和判罪。这部电影是生动刻画了“盗亦有道”的有力作品之一。

“盗亦有道”是真的吗？撕去普通囚犯的表面，你就会发现某种道德准则——虽然它并不一定符合主流社会的价值观，但无论如何，它是具有其自身规范和禁忌的一种道德准则。虽然就整体而言，这些罪犯并不认同某些社会规范和价值观，但是他们仍然会遵循自己所属组织——邻近区域、大家庭或黑帮团伙——所制定的行为规范。因此，成为罪犯并不意味着良知泯灭——或者甚至是缺乏足够的社会性。罪犯走上不法道路的方式各种各样，大多数情况下都是外部力量作用的结果：

- 一些罪犯习得犯罪行为——在他们成长的家庭或环境中，犯罪行为在某种程度上是一种公认准则。例如，我们有一名被试，他的父亲是“职业”小偷，而母亲是妓女。从年幼时起，他就与父亲一起“开工了”。这种“亚文化罪犯”还有更加典型的代表，它们包括在欧洲某些地区普遍存在的黑手党家族和吉卜赛黑帮。
- 一些犯罪可以在很大程度上理解为“暴力循环”的产物。有证据显示，早期曾遭受性虐待以及身体或情感虐待的个体常常在成年后犯下相同的罪行。这并不罕见，例如，人们常常发现虐童狂本身就曾经遭受过性虐待，或者殴打妻子的人曾在幼年时期目睹过家庭暴力。
- 不过，还有一些人违法犯罪则是出于某种强烈的需要——例如，吸毒者或缺乏谋生技能或途径的人，钱财蒙蔽了他们的良知，他们出于绝望转而进行抢劫。我们的许多被试最初走上犯罪道路都是为了逃避破碎的、贫穷的，或虐待他们的家庭；他们从毒品中寻求安慰或解脱，然后通过犯罪来满足毒瘾。

其余一些人则因“激情犯罪”而沦为阶下囚。我们有个被试是名从未有过暴力记录的40岁男性，他在妻子的钱包里发现了避孕套后，与她发生了激烈的争吵，“失去了理智”，把她打成重伤。

他被判入狱两年，但是他肯定能提前获得假释出狱。

对于很多这样的人而言，消极的社会因素——贫穷、家庭暴力、虐待儿童、缺乏父母关爱、经济压力、滥用酒精与毒品，仅列举这些就够了——促使甚至导致了他们的犯罪。的的确确，如果没有这些因素出现，他们中的许多人就不会走上犯罪道路。

但是有些人犯罪仅仅就是因为它回报丰厚、可以不劳而获，或者令人感到刺激。尽管这些人并非都是心理变态者，但是对于那些心理变态者而言，犯罪并不是消极社会因素的结果，而是一种人格体系，其运作不遵从社会规则和制度。我们的一项研究中有名女性被试，她是心理变态者的典型代表，在问及为何犯罪时，她回答说："你想知道真相吗？就是为了好玩儿。"

与其他大多数罪犯不同的是，心理变态者不会对团体、组织或规则保持忠诚，他们不过就是想"出风头"。在案件侦破、瓦解黑帮或恐怖组织时，司法机关常常会利用这一点。比起普通罪犯，对心理变态者说下面这些话的效果要好得多："放聪明点，保住你自己的小命；告诉我们还有哪些人，这样你就可以走了。"

泰伦斯·马里克的电影《穷山恶水》主要改编自查尔斯·斯塔克韦瑟及其女友科瑞尔·安·富盖特的杀人生涯，这是一部具有残酷现实意义的电影，充满着令人不寒而栗的幻想。电影虚构出了基特·卡拉瑟斯这一角色，他那令人难以抵抗的魅力和流利圆滑的语言简直太符合心理变态者的特征了，不过他对女友霍莉的爱情则太过投入、强烈而显得不真实。有人可能会被这部电影迷惑，把它当作好莱坞浪漫爱情的典范，认为心理变态者也有着一颗金子般的心。但是且慢，霍莉像隐藏在基特身后的影子，自始至终都是如此。只有在第二次观看时，真实的个案史才会突然显现出来：如果基特是导演心目中心理变态者的样子，那么霍莉则是一个心理变态真实的模样。霍莉由茜茜·斯派塞克扮演，她精彩演绎出了一个行尸走肉般的、真实的“异类”。

霍莉的性格具有两面性，它们是心理变态者重要人格特征的典型例子和放大表现。一方面，她情感贫乏且仅凭感觉行事。另一方面，她有时会做出极不合理的行为。在亲眼看见了父亲由于不赞同基特与自己交往而倒在其枪口之下后，这个15岁的年轻人打了基特一耳光。随后，她跌倒在椅子里抱怨自己头疼；后来基特放火烧掉了她家的房子以毁尸灭迹，而她随后竟还是与基特一起潜逃了，踏上了环游全国的杀人逍遥之旅。

在另外一个例子中，已经犯下好几宗杀人案的基特懒洋洋地用枪逼迫一对恐惧万分的夫妇下了车，把他们带到一块空地上。如往常那样，霍莉走到那个惊恐万分的女人身边。“嗨！”她若无其事地用自己孩童般的声音说。“你们想干什么？”那个女人问道，她绝望地预感到了随后会发生的事情。“哦，”霍莉回答说，“基特说他感觉自己像要爆炸了。我自己有时候也有这种感觉。你也会这样吗？”最后一幕就是基特将两人锁进了场地中间的地窖里。正打算要离开时，基特突然对着地窖门一通射击。“你认为我打中他们了吗？”他问道，就如同在黑暗中拍死那些苍蝇。

也许这部电影中有关心理变态者的最不易察觉的证据来自霍莉在片中的自述，它们的表达方式单调乏味，却直接从她与年轻女孩们之间的对话中传达出来。霍莉谈到了她和基特之间的爱情，但是女主演却成功向观众传递了这样一个信息：霍莉并没有真正体验到她所说的那些情感。如果世界上真有人“理解歌词但却不理解旋律”，那么茜茜·斯派塞克的角色就是这样一个例子，她使观众亲身体验到了这种怪异的感受，一种难以言状的不信任和毛骨悚然的感觉，许多人——无论门外汉或专业人士——在与心理变态者打过交道之后，都会提到这种感觉。

犯罪公式

就许多方面而言，很难看出通过怎样的方式，可以让一个心理变态者——他们缺乏内部控制、伦理道德观扭曲、麻木无情、不知悔改、以自我为中心，等等——能够在生活中成功地避免与社会产生冲突。当然，很多人的确可以做到这样，而且他们的犯罪行为包括了各种可能出现的类型，从小偷小摸、挪用资金到攻击他人、敲诈勒索、持械抢劫，从蓄意破坏、扰乱治安到绑架勒索、杀人放火，还有各种损害国家利益的犯罪行为，如投敌叛国、充当间谍、恐怖行动等。

尽管并非所有罪犯都是心理变态者，而且所有心理变态者也并不一定都沦为罪犯，但是心理变态者在囚犯中极具代表性，所占比例也非常高。

- 平均而言，男女监狱中大约有20%的囚犯都是心理变态者。
- 超过50%的重大案件都是心理变态者所为。

事实就是，心理变态者的人格结构令我们困惑不已。就如同大白鲨是自然界中的杀戮机器一样，心理变态者自然而然地承担起了罪犯的角色。他们时刻准备着充分利用任何出现的机会，同时他们又缺乏我们称之为良知的一种内部控制，这两者共同组成了犯罪的潜在公式。

因此，例如，当一个像杰弗里那样年轻的心理变态者向沙滩上一个毫无防备的妙龄女子投去令人陶醉的微笑时，他会不失时机地施展浑身解数，以寻求各种途径来攫取所有的温暖、性满足、住所、食物和金钱——一切都是以“爱”的名义。

一个年轻人到约翰·韦恩·盖斯的公司应聘工作，而他的年龄和类型正对盖斯的胃口，于是盖斯立刻胁迫这个男孩与自己进行性游戏。他一直没有停手，直至最后杀害了这个男孩，并将尸体掩埋在自家房子下面。

犹他州杀人犯加里·吉尔摩与女友发生了争执，于是他（与另外一名女性）开着车四处兜风，可是还是无法遏制满腔的怒火。他把车开进了一家加油站，把年轻的同伴独自留在一旁听音乐，自己却开枪杀死了遇见的第一个人。第二天他又重复了这样的行为。他轻描淡写地说，被自己枪杀的那两个人是在错误的时间出现在了错误的地方，刚好在他需要发泄的时候出现了。

联邦调查局近来进行的一项研究表明，在那些杀害了正在执行公务的司法人员的罪犯中，有44%的人是心理变态者。(《因公殉职》，美国司法部联邦调查局统一犯罪统计部，1992年9月)

及时行乐

尽管深受新世纪哲学影响的学生可能会对亵渎神圣的法则感到战栗不安，但是如果我们认识到心理变态者是完全只顾及时行乐、无法放过得手的大好时机的人，那么我们就能够理解心理变态者的许多行为和动机了。正如一名在"心理变态核查表"上得分很高的服刑人员所说的那样："一个男人会做些什么呢？她的臀部很漂亮。我按捺不住自己。"他被判强奸罪。另一名罪犯被警方抓捕归案则是因为他在电视节目中露了个脸，而受害人恰好正住在该节目播出的城市。做了五分钟的演员却换来了两年的牢狱生活！

在死刑即将执行前，加里·吉尔摩接受了《花花公子》的采访，他向我们充分展示了什么是及时行乐。在问及为什么尽管智商很高，却频频入狱时，吉尔摩回答道：

我逃脱过很多次，我并不是大奸大恶的人。我只是容易冲动。没有计划，也不思考。就像逃脱，并不需要有多聪明，你只要多动动脑子就可以了，但我却不想动脑子，我没有那么好的耐心，我也没有那么贪心。本来很多次我都可以逃脱的。哈，我也不太明白，可能老早以前我就不在乎了吧。

心理变态的暴力——冷血无情和“习以为常”

比起深陷犯罪泥沼，更让我们困惑不解的是，显然心理变态者无论男女都要比其他人更具有暴力性和攻击性。当然，罪犯有暴力行为并不罕见，但是心理变态者却格外引人注目。无论在监狱内外，他们表现出的暴力与攻击行为都是其他罪犯的两倍。

是的，这令人深感困惑，但并不令人意外。虽然大多数人都能够很好地控制自己，不对他人造成人身伤害，但是心理变态者通常并非如此。对他们而言，在自己感到愤怒、遭到拒绝或面对挫折时，暴力与威胁是行之有效的工具，他们几乎不去考虑受害者的痛苦和屈辱。暴力是一种麻木无情的工具——借以满足一种简单的需要（比如性）或者借以获得自己想要的东西——而心理变态者对事件的反应则更可能是漠不关心，是一种权力感、快感或自以为是的满足感，而不是对自己的破坏行为感到悔恨。当然，他们也没有什么东西可担心会失去的。

我们来比较一下心理变态者的反应与不得不依法执行死刑的司法人员的反应。电影中的虚构人物能够在晚餐前杀死10个坏蛋后，却仍然保持镇定自如——我脑海中浮现出了克林特·伊斯特伍德（《拨云见日》的主演）所扮演的“肮脏的哈利”卡拉汉——而大多数警察却深受执行枪决的困扰，许多人产生了情绪回现，或者饱受现在称之为创伤后应激障碍的折磨。这种后遗症令人精神衰弱，因此许多司法机构依据惯例规定，任何曾经开枪射击过的警务人员，无论对方是否丧命，都必须接受心理咨询。

这种心理咨询对于心理变态者来说纯粹就是浪费时间。即使是经验丰富、饱经历练的心理咨询师，当他们看到心理变态者对惨不忍睹事件的反应，或者听到心理变态者描述一桩暴力袭击事件若无其事得就像是在削苹果或者是将金鱼开肠破肚一样时，都会感到胆战心惊。

● 向访谈者解释自己在狱中如何获得了“榔头史密斯”的绰号时，加里 · 吉尔摩举了一个很好的例子，他说明了心理变态者对暴力的滥用。吉尔摩的一个朋友勒罗伊在狱中遭到了抢劫和殴打。他传话给吉尔摩，说让他帮忙修理一下犯人比尔。“那天晚上我看见比尔坐着在看足球赛，”吉尔摩讲述着当天的情景，“于是我就拿起了一把榔头砸到了他头上，然后转身就走了……我把他砸得够呛！（大笑起来）……他们把我关了四个月的禁闭，把比尔送到波特兰（译者注：美国俄勒冈州最大的城市）做脑手术。不过比尔也太不是东西了。所以，对于你的问题，回答就是这家伙从此以后就给我起了个绰号‘榔头史密斯’。他给了我一个玩具榔头挂在链子上……”事实表明，吉尔摩后来宣称自己用榔头砸死了比尔，还承认使用暴力杀死了另外一个人。访谈者问他：“为什么你四处宣扬，告诉每个人你杀死了他们呢？你是想吹牛还是因为感到忏悔了呢？”

吉尔摩：“（大笑起来）说实话，更想吹牛。”

● 一名曾因诈骗入狱的罪犯，先前曾被监狱精神病学家诊断为心理变态者，他神态自若地告诉警方，自己在酒吧里刺伤了一个男人，因为那人拒绝给他让位子。他的解释是：他那时正在尽力让自己看上去不那么好惹，而受害人却在酒吧顾客面前拒绝了他。

1990年元旦那天，26岁的罗克珊·默里用12 mm口径的猎枪杀死了与自己同床共枕了5年的丈夫。她告诉警方，虽然自己深爱着他，但不得不杀了他。法庭一致裁决，二级谋杀罪名不成立。

她的丈夫道格·默里（人称“酒鬼”）是一个“伪摩托车手”，“喜欢大马力的摩托车、软弱顺从的女人和狗——所有财产都必须在他牢牢掌控之下”。多年来，虽然他曾因一系列强奸、伤害罪而遭到指控，但最终都因缺乏目击证人而逃脱了惩罚。他以前结过几次婚，经常恐吓殴打妻子。在他令人毛骨悚然的变态行为中，“他曾经为遭受性虐待的儿童组建了一个家庭。他在精神和肉体上虐待那些孩子，就像对待大多数女人那样，他还经常拍一些暴露的照片以备后用”。

罗克珊抱怨他在14只狗身上的花费太大了，于是道格就把她拽到了拖车里，用手枪砸烂了她的脸，并当面枪杀了她的爱犬。“你也会有这种下场。”他对她说。他“似乎是性虐待狂，在性行为中完全掌控一切。随时随地，或者在一顿暴打之后，他都会要求进行口交。他强迫自己的女人们进行残忍的、花样百出的强奸游戏。他强迫她们玩俄国轮盘赌，每次枪膛里都有一颗子弹”。罗克珊最好的朋友说：“道格似乎具有多面性。有些面孔是好的，或者说他想伪装成好的，而有些面孔却是你能想到有多坏就有多坏。”

道格在追逐他自己的残忍游戏的过程中，似乎在不经意之间帮助陪审团理清头绪，补充完善了惨遭虐待、饱受惊吓的受害人在法庭为自己辩护时所遗漏的内容。（摘自肯·麦克奎因的文章，《温哥华太阳报》，1991年3月1日）

● 一名在“心理变态核查表”上得分很高的服刑人员抢劫并杀害了一位老人，他却轻描淡写地这样描述事件的经过：“我当时正在到处乱翻，这时这个老家伙从楼梯上走了下来……呃……他开始大叫起来，他妈的叫个不停……所以我朝他，呃，脑袋砸了一下，他还不闭嘴。我就朝他喉咙猛砍了一下，他……好像……摇摇晃晃地朝后退了几步倒在了地上。他嘴里发出咕咕的声音，就像一只不能动弹的猪（大笑起来），他实在是太他妈的把我惹急了，所以我……呃……又朝他头上踢了几脚。这下他不作声了……那时候我也觉得很累了，所以就从冰箱里拿了一些啤酒，打开电视睡着了。直到警察把我叫醒（大笑起来）。”

比起因激烈的争吵，剧烈的情绪爆发，不可控制的激怒、愤怒或恐惧所引发的暴力行为，这种对暴力简单而冷静的表露则大不相同。新闻媒体中大量充斥着这种案例。然而大多数人都知道

“情绪爆发”会怎么样，有时它会带来暴力后果，他们会被自己的行为吓坏。我在撰写本章时，一名从未有过犯罪前科的65岁男性被指控杀人未遂。在子女监护听证会上，他的情绪变得非常激动，用一把折叠小刀刺伤了前妻及其律师。当地一名精神病医生证实说，这名男子太过激动而完全失控了，“下意识地做出了该行为”，他事后甚至不记得自己做过什么。这名被自己吓坏了的男子最终获释。

即使被判入狱，我打赌他也会提前获得假释。正如犯罪学家指出的那样，如果家事争执或朋友、熟人之间的争吵引发了激烈情绪，那么发生凶杀案通常都只是“一瞬间的事”，案发者事后都会被自己的行为吓得目瞪口呆，悔恨不已，重蹈覆辙的可能性也不大。

然而，心理变态者的暴力行为缺乏正常的情绪“色彩”，各种日常事件都有可能诱发该行为。在新近的一项研究中，我们参考了警方的一些报告，这些报告描述了在最近部分男性罪犯的暴力伤害案件中，这些罪犯约有一半是心理变态者。心理变态者与普通罪犯在暴力犯罪方面存在以下几点主要区别：

- 普通罪犯的暴力行为一般发生在家庭争吵或者激烈的情绪爆发中。但是，心理变态者的暴力行为通常发生在犯罪过程中、饮酒时，或者是出于报复或复仇。
- 普通罪犯的受害者中有三分之二是女性家庭成员、朋友或熟人。但是，心理变态者的受害者中有三分之二是陌生男性。

一般而言，心理变态者的暴力行为多表现为麻木不仁、冷血无情，更加直接、简单，就像在做生意，不会表现出发自内心的痛苦，它的发生没有可以理解的诱发因素。它缺乏大多数人做出暴力行为时所伴随出现的“激烈反应”或强烈情绪。

也许心理变态者的暴力行为中最令人感到恐惧的是，它对城市中心的暴力性质活动产生了重要影响。持械抢劫、毒品交易、“街头混混”、强行乞讨、帮派活动、“拉帮结派”，以及对某些团体如同性恋进行有预谋的攻击，这些通常都是冷静地、不带情绪色彩地对陌生人或路边受害者使用了暴力。这一轮暴力犯罪新浪潮的模式之一就是心理变态者的凶残行为，影视作品已经对此进行了生动的刻画：“并不是针对谁”，他边说边干着暴力的勾当，沉溺于自我满足之中。正如一个15岁的女孩所说的那样，“如果我看到自己很想要的东西，我就把它拿过来。最糟糕的一次是，我用小刀威胁那个女孩，但是我从未伤害过任何人。我只不过是想要那些东西”。

一名被称为“午夜噩梦”的司机撞上了一辆汽车，撞死了一个母亲及其年幼的女儿。目击者报告说，司机“在事故发生后非常粗鲁，很不高兴。他关心的是自己要错过约会”。有名受害者是个伤势严重的两个月大的婴儿，而司机——没有证据显示他喝了酒或服用了毒品——听到婴儿的哭声时，竟然不停地说：“你就不能让这个可恶的小孩闭上嘴吗？”（《州报》报道，温哥华，1990年4月25日）

性暴力

冷漠自私的心理变态者为了达到个人目的而使用暴力手段的最佳例子就是强奸。当然，并非所有强奸犯都是心理变态者。一些强奸犯显然深受各种精神疾病和心理问题的困扰。而另外一些强奸犯则是深受某些文化和社会观念的影响，认为女性的地位更加卑微。尽管这些犯罪行为被整个社会所鄙视和不耻，并对受害人造成了严重的心灵创伤，但是比起心理变态者的罪行，他们的动机可能更容易理解。

也许一半的强奸累犯或系列强奸犯都是心理变态者。他们的行为是复杂因素混合的结果：不加抑制地表达出性冲动、性幻想，对权力、控制的渴望，感到受害人能够为自己带来快乐或满足。这种混合在约翰·奥顿身上得到了最佳表现，温哥华报纸称他为"纸袋强奸犯"（他在强奸儿童与女性时，头上总套着一个纸袋）。根据法庭精神病学家的诊断，他既是心理变态者——"缺乏良知、操纵性强、以自我为中心、不可信赖、缺乏爱的能力"——同时也是性虐待狂，"通过对受害人施加心理压力而获得性快感"。

虐妻的心理变态者

近年来，公众对家庭暴力的关注度有了迅速提高，而人们也日益对其无法容忍，结果导致了大量有关暴力犯罪的指控和判决。尽管虐妻的原因和动机非常复杂，涉及了大量的经济、社会和心理因素，但是有证据显示，在长期虐妻者中，心理变态者占据大多数。

在新近的一项研究中，我们将“心理变态核查表”应用于一群男性样本，他们要么是自愿要么是被迫接受了殴妻行为的治疗。我们发现该样本中的男性有25%是心理变态者，这一比例类似于服刑人员中的比例。我们并不知道没有参加殴妻治疗的心理变态者占多大比例，但是我猜测它不会低于这一比例。

如果屡次殴打妻子的男性中有很多人的确是心理变态者，那么这一发现对治疗具有重要价值。这是因为臭名昭著的是，心理变态者的行为极其难以改变（我会在随后章节中讨论这个问题）。殴妻治疗项目的资源通常非常有限，而许多治疗机构都有长长一串的候诊名单。比起其他人，心理变态者参加这些项目更多只不过是为了讨好法庭，而不是改变其行为，他们只会占用和浪费他人原本可以使用的资源。

毫无疑问，心理变态者会影响这类治疗的效果。不过，也许把心理变态者送进这类治疗机构的最糟糕后果是，它会导致饱受暴力之苦的妻子产生虚假的安全感。“他已经接受了治疗，他现在应该变得好些了。”她会这样想，从而错过了结束这段暴力婚姻的良好时机。

法庭判决勒布朗先生伤害妻子的罪名成立，强令其接受殴妻心理治疗。他用亲切迷人的口吻把自己的伤害行为说成是一种非常微不足道的——当然甚至是不幸的——争执，自己只不过是与妻子争吵时怒火中烧罢了。尽管如此，警方在报告中指出，他把妻子的眼睛打青了，鼻梁也打折了，他曾经屡次殴打多名女性，而这只不过是最近发生的一次。在他首次接受治疗前的一次谈话中，他声称自己已经对问题有了认识，所需要的一切只不过是学习一些愤怒情绪的管理技巧。随后，他又目空一切地继续夸夸其谈，讲起了与家庭暴力有关的心理动机和理论，他最终的结论是治疗对自己不会有多大作用。尽管如此，他还是很乐意参加这些活动，因为这有助于使他人更加清楚地认识到他们自身所存在的问题。

在第一次治疗中，他漫不经心地谈到自己在越南当过伞兵，获得过哥伦比亚大学工商管理硕士学位，创建过几家成功的企业，但是对于细节他全部都一带而过。他说这是自己初次违法。治疗师指出他还曾被判犯有盗窃、诈骗、挪用公款罪时，他微笑着说所有的一切都只不过是些小误会。

他主宰了小组治疗，把大部分精力都花费在了对其他成员进行相当肤浅的“通俗心理学式的”分析之上。治疗师觉得他很有趣，而其他多数人则普遍对他在学识上的自以为是和攻击性的言语举止颇为不满。几次治疗之后，他退出了治疗小组。据报告称他离开了这座城市，这显然违背了法庭对他的判决。他宣称自己毕业于哥伦比亚大学，曾在越南服过兵役，而这些经证实都是一派胡言。

真正的考验：我们是否能够预测其行为？

在得克萨斯州的重大谋杀案件中，司法精神病学家、人称“死亡博士”的詹姆斯·格里格森反复证实说心理变态者必定会再次杀人。其结果就是，总会有人走上黄泉路。

格里格森的言之凿凿遭到了许多治疗师和政策制定者的质疑，他们相信我们无法对犯罪和暴力行为进行准确的预测。

真理总是位于两端之间的某个位置。即使一般人也明白，屡次犯罪或者具有暴力前科的人比其他人要更危险。了解某人过去的行为才能较好地预测他以后的行为，过去行为在最大程度上为犯罪司法系统的许多决策提供了依据。

近来至少有6项研究证据清晰地表明，如果我们根据“心理变态核查表”的界定，加之还知道某个体是否是心理变态，那么对犯罪与暴力行为的预测准确性将会大大提高。这些研究考察了联邦罪犯获释后的重新犯罪率（被判定有新的违法行为）。这些研究表明，平均而言：

- 心理变态者的重新犯罪率是其他罪犯的两倍。
- 心理变态者的暴力重新犯罪率是其他罪犯的三倍。

公众关心的一个问题就是性罪犯的假释。正如我先前所指出的那样，将心理变态者从性罪犯中区别出来非常重要。近来有一项研究考察了接受深度治疗后获释的罪犯，而它证实了这一区别对假释裁决团的重要性。几乎有三分之一的获释人员重新犯下了强奸罪。大多数情况下，强奸累犯在“心理变态核查表”上的得分都很高，此外，在获释之前就已经有证据表明，他们在听到有关暴力内容的描述时，会出现不正常的性唤起，这可以通过放置在阴茎周围的一种电子设备来进行测量。在预测哪些获释罪犯会再次出现强奸行为时，这两个变量——心理变态与不正常的唤起——的正确率是四分之三。

正是由于这类结果，犯罪司法系统对心理变态、再次犯罪和暴力之间的关系重新产生了兴趣。兴趣并不仅仅局限于即将获释的罪犯。例如，现在有几家司法精神病医院已经使用了“心理变态核查表”，以协助确定患者的安全等级。

他们浪子回头了吗？

想想那些你打小就认识的亲戚朋友：害羞胆小的女友，外向合群的兄弟，滔滔不绝却言之无物的表兄，粗野、充满敌意、不友好的邻居。他们10岁时是什么样子呢？

虽然人会改变，有时候甚至发生巨大变化，但是许多人格特点和行为模式却在一生中保持稳定不变。例如，害怕自己影子的男孩长大成人后更有可能会胆怯、焦虑，而不是成为一名勇敢无畏的战士。这并不是说我们的人格和行为在人生早期就已经定型了，或者说成长、成熟和经验对我们成年后会成为什么样的人作用不大。而是说，我们与周围环境的互动方式存在一定程度的连续性。例如，在犯罪问题上，几项研究已经表明儿童时期的特点，如胆怯、好动和攻击性，是相当持久的，至少会持续到成年早期。

因此，我们就不会对成年心理变态者的反社会与犯罪行为是其最早在儿童期就表现出来的行为模式的延续这种说法感到惊讶。但是在另一方面却出现了有趣的现象：

- 平均而言，直至40岁左右，心理变态者的犯罪行为持续处于较高水平，随后会急剧降低。

- 非暴力罪犯的这一下降幅度比暴力罪犯要明显得多。

如何来解释许多心理变态者的反社会行为在中年以后会降低呢？目前已经提出了几种可能性：他们“精疲力竭”了；成熟了；厌倦了监狱生活和违反法律；发展出了反击司法系统的新策略；找到了知己；重构了人生观与世界观，诸如此类。

但是就此下结论说老年心理变态者对社会不再有多大威胁之前，我们要先思考一下：

- 并非所有心理变态者都在步入中年之后不再犯罪，有些会一直违法犯罪，直至终老。
- 犯罪行为的减少并不一定意味着人格发生了根本改变。

这两点非常重要。有些心理变态者仍然会违法犯罪，尤其是暴力罪犯，可能一直到老。此外有研究表明，有些罪犯的违法行为的确会随着年龄渐老而有所下降，但是他们仍然具有第3章中所描述的那些核心人格特质——也就是说，他们仍然以自我为中心、浅薄无知、善于操纵、麻木无情。只是区别在于，他们已经学会了通过某些方式来满足自身需要，而这些方式不再如以前那样具有反社会性。然而，这并不意味着他们的行为已经变得符合道德、符合伦理。

因此，如果一名女性的丈夫“改过自新”了，现正在设法逃脱法律的制裁，不再像以前那样总是欺骗她，并且对她表达出了爱意，那么她应该好好想想自己的丈夫是否“真正脱胎换骨”了，尤其当她经常不知道他在哪儿、打算干些什么的时候。如果这个男人是心理变态者，那么对于他的改变，我深表怀疑。

一名已确诊的心理变态者在35岁那年决定改变自己的生活，而她有着一长串的犯罪行为和暴力前科。她在狱中学习了许多课程，并在42岁获释后获得了咨询心理学的大学学位。她开始为流浪儿童提供服务，并在5年中没有任何犯罪指控。社区中有些人认为她成功了。然而，事实上她已经多次被开除，原因是挪用基金并威胁同事和督导。由于许多人担心遭到迫害，害怕公开其行为后会使自己及组织陷入尴尬，因此他们没有对她采取法律行动。有些认识她的人认为她是个有趣的女人，她过去的犯罪行为是不良社会环境与厄运的结果；其他人则认为她还和以前一模一样——麻木不仁、浅薄无知、善于操纵、以自我为中心——而唯一的区别在于，现在的她尽量避免再次触犯法律。

完美的分数

在本章结尾，我要简要介绍一名罪犯的情况，两名独立评审员一致认为他在“心理变态核查表”上的得分应该是最高的，而在200名重刑犯中没人会有如此之高的分数。

厄尔，40岁，因伤害罪被判入狱3年。两名评审员都觉得和他进行访谈非常有趣，甚至令人兴奋，因为他散发出的迷人魅力让他们惊讶不已。与此同时，他所说的内容以及说话时那种习以为常、满不在乎的态度令他们深感震撼和排斥。正如其中一名评审员所说："这家伙深深吸引了我，但是他来自另外一个星球。他把我吓得屁滚尿流！"

厄尔来自一个安稳的工薪家庭，在四个孩子中排行第三。他在童年时期就表现出了社会适应不良：上幼儿园时，因为老师强令其坐回座位，他用叉子将老师刺伤；10岁时，他就为年轻女孩"拉皮条"（包括自己12岁的姐姐），以满足比他年长的朋友的性欲；13岁时，他被指控偷父母的钱并在支票上伪造他们的签名。"是的，我在少管所待了几个月，但是我他妈的本来不应该待那么久的。"

自此以后，厄尔几乎无恶不作，大多都是针对他人。在其犯罪记录中，他曾被指控犯有抢劫、交通肇事、伤害、偷窃、诈骗、非法拘禁、"拉皮条"，以及杀人未遂等罪行。然而，令人惊讶的是，他几乎没在监狱待多久。许多情况下，指控都撤销了，因为受害人拒绝作证，而另外一些则是由于缺乏证据或者厄尔能够为其行为提供令人信服的解释。即使指控成立，通常他也会想方设法提前获得假释，他在监狱中的表现似乎令人费解。

一份心理学报告的开头这样描述他："关于厄尔，最突出的一点就是他对绝对权力的痴迷……他衡量人的唯一标准就是他们是否服从自己的意愿，或者是否能够接受自己的管制或操纵，听从他的吩咐。他利用他人和环境的野心不断膨胀。"另外一份监狱文档描述了他在寻求权力、控制他人的同时，是如何与其他囚犯和狱警都友好相处的，他们都对他既怕又敬。他非常善于运用威胁、恐吓、拳头、贿赂和毒品，他还“不时地告发其他囚犯，以换取自保并获得特权。监狱条例对他毫无意义，除非他自己能从中得到好处”。

他与女性的关系也如其他行为一样地肤浅和掠夺成性。他声称自己曾经与好几百名女性同居过，从几天到几周不等，多年来与自己发生过性关系的人也多得数不胜数。当被问及他有多少个孩子时，厄尔回答说：“我不太清楚。我猜应该不少吧。有人声称孩子是我的，但我会说，‘去你妈的！我怎么知道这是我的？’”他经常恐吓、骚扰那些与自己同居的女人，性虐待她们的亲生女儿，强奸她们的女友。他还把他的性虐癖带进了监狱，在那儿他的“攻击同性恋倾向”广为人知。

厄尔的人格中最显著的特点就是妄自尊大。在他的文档记录中，随处可见他浮夸自大的人际交往方式。一名评估者这样写道：“如果不是由于对他的极度害怕，我会当面嘲笑他恬不知耻的自我吹嘘。”正如厄尔所言：“常常有人告诉我，我是多么伟大，没有什么事是我做不到的——有时候我想他们只是在损我，但是做人就该相信自己，不是吗？当我审视自己时，我喜欢我眼中的自己。”

几年前我们对他进行访谈时，法庭正在考虑是否将他假释。在递交给裁决团的申请中他这样说道：“我已经成熟了不少，在监狱中看不到自己的未来。我在很多方面可以回报社会，我已经对自己的优缺点都进行了认真仔细的分析。我的目标是做一个好公民，过着朴素的生活，和一个好女人相亲相爱。我相信自己已经变得更加诚实和值得信赖。对我而言，名誉是非常神圣的。”访谈者的评论是：“颇具讽刺意味的是，事实上众所周知，厄尔是个臭名昭著的大话精，有十几个化名，我可都记着呢。”

令人惊讶的是，监狱心理学家和精神病医生却认为厄尔目前在监狱中的表现已经有所进步，在与他达成协议后，他们认为他可以获得假释。但是，正如我的一位访谈者所言，“即使他对我讲的那些话能有一半是真的，也永远不应该把他放出来”。厄尔清楚地知道我们的评估是严格保密的，是一项研究的组成部分，无论从法律还是伦理上讲，都不允许我们将研究结果公布给权威机构，除非他的实际行为威胁到了自己或他人。因此，比起准备申请假释，在我们面前他袒露了更多。最后的结果是，厄尔的假释申请遭到了拒绝，他开始指责我们的访谈者辜负了他的信任。由于害怕遭到厄尔监狱外朋友的报复，访谈者离开了，去欧洲做延期旅行，现在英国工作。厄尔最近已经获释，而我的访谈者近期不打算回加拿大。

第7章

白领心理变态者

窃贼的弱点正是金融家的特点。

——《巴巴拉少校》，萧伯纳

1987年7月，我收到了布莱恩·罗斯纳写来的一封信，他是纽约的一名社区律师助理，这封信回复了我发表在《纽约时报》上的一篇文章，在文中我概述了自己在心理变态方面的工作。他在来信中说自己刚在一场审判听证会上进行了发言，听证会判定一名男子从跨国银行诈骗了数百万美元。“在文章中，您将该被告描述为‘t’。……在反欺诈局里，借用您的话说，我们的工作对象是不择手段的律师、医生和商人。我想，您的工作会使我们在法庭上更有说服力，也能帮助大家理解为什么那些衣冠楚楚的、受过教育的人会犯罪，在审判他们时哪些事情是必须要做的。如果您感兴趣的话，我还寄了一些与该案件有关的材料。您要是需要一些事实来证实自己的理论，可以使用这些材料。”

随信寄来的还有一包材料，其中描述了30岁的小约翰·格兰布林在一名同党的帮助下，诈骗了多家银行，在没有任何担保的情况下，这些银行放心地将几百万美元交给了他们。《华尔街日报》上的一篇文章在报道格兰布林的欺诈生涯时，使用了以下标题："无任何担保地借走几百万绝非易事，但约翰·格兰布林深谙如何向银行借贷并伪造资产。"文章的开头这样写道：

> 两年前，两个唯利是图的商人企图从四家银行和一家储蓄贷款社盗走36 500 000美元。尽管他们没有用枪指着任何人，但竟然成功地卷走23 500 000美元逃跑了。他们的平均成功率还挺高，但是最后还是被抓了。

这些诡计几乎全是些表面功夫。隐藏在表面之下的，是格兰布林及其同伙能够说服许多贷款机构的大量工作人员相信他们是值得信赖的。实际上，他们两人巧设计谋伪造出了极其良好的信用等级，拆了东墙补西墙，一直未被发现。

为了解释为什么会发生这种骗局，该杂志引用了银行家们的回答：

- "银行之间在发放良好贷款方面的竞争非常激烈。"
- 格兰布林"非常出色的社交礼仪"使他赢得了信任。
- 一心一意要诈骗的人"总会想方设法达到目的"。
- "应该强制性地在格兰布林的脖子上挂一个铃铛。"

正如寄给我的包裹中的法庭记录和其他法律文件中所证明的

那样，格兰布林赖以谋生的手段就是运用魅力、欺骗和操纵来获取受害者的信任。尽管也许他能够为自己的所作所为提供看似合理的解释，但是显然，根据这些文件和布莱恩·罗斯纳近来出版的有关该案件的书籍，格兰布林的行为符合本书中所描述的心理变态者的定义。最起码这是一个生动的道德故事，它讲述了食肉动物是如何繁衍生存的，他们依靠迷人的魅力和诙谐的谈吐，畅通无阻地诈取各种机构和他人的钱财——对他们的委婉称呼是“白领罪犯”。他们的脸上挂着迷人的微笑，声音诚恳可靠，但可以肯定的是，他们从不给自己的脖子套上铃铛以示警告。

对于那些渴望成为企业家的心理变态者，格兰布林案件——以及其他类似案件——提供了一个典型事例，它说明了如何在不使用暴力的情况下，通过学历和社会关系来骗取他人和机构的钱财。与一般“白领罪犯”不同的是，这些人的欺骗和操纵不仅仅局限于骗取钱财；这些特点普遍表现在他们的为人处事上，包括对待家人、朋友以及司法系统的态度。他们通常会想方设法来逃避牢狱之灾，即使被捕或被判有罪，对他们的判决通常也比较轻，还会提前假释，而这唯一的结果就是他们继续为害人间。

然而，他们的罪行对社会造成了破坏性的影响。让我们来看看以下这些对格兰布林的评论，它们是布莱恩·罗斯纳在审判听证会上的发言：

- 格兰布林的罪行是贪婪的罪行，它们受到一种强烈欲望的驱使，他渴望掌控他人的生活和钱财。在最邪恶的罪犯身上，常常可以看到这种欲望……无比邪恶的人才会这样。

- 他遗留给这个国家的是破灭的人生和渴望。他所造成的财产损失尚且可以计算，但是他却给人们带来了无法估量的痛苦和心理伤害。
- 虽然他使用的手段貌似斯文，但是其本性却与大街上的牲畜一样野蛮残忍。

除了对金融机构实施诈骗，格兰布林还利用一家著名会计师事务所的信笺伪造了财产证明，以使自己能够获得贷款。与此同时，他还欺骗了该公司的一名高级职员——一名仁慈的顾问——及其同事，帮助自己创办了一家专门针对老年人进行诈骗的慈善机构。罗斯纳说道，在这两个人看来，“格兰布林是他们曾遇见过的最体面圆滑的骗子”。

魅力四射的人会不遗余力地展示其魅力，而其行为也是世界上最残暴可怕的。

——罗根·皮尔索尔·史密斯，《事后感言》，第3页

他的犯罪对象不仅仅局限于颜面扫地的金融机构。例如，他伪造了嫂子的所得税报表并哄骗她签下了一份4 500 000美元的抵押票据。他侵吞了这笔钱，让他嫂子来偿还债务。对于他的被捕，她说没有人可以想象“当我知道他锒铛入狱时如释重负的感觉……他已经伤害了不少人……感谢上帝，现在他再也不能伤害

任何人了”。

他的岳父写道：“格兰布林对自己以往犯下的过错表达了忏悔之情，谈到了自己的治疗，自己百分之百地真心改造，以及弥补自己罪行的计划，但与此同时，他却还在盘算着如何诈骗另一家银行”。在写下保证书获得自由后，他又进行了其他诈骗活动，掀起了“横贯全国的犯罪浪潮”。他的所作所为与其悔改之情完全不一致。

然而格兰布林又如何解释这一切呢？结果表明，他的说辞还真不少。他的一些言论发人深省，很值得在此呈现出来，他说明了心理变态者的典型人格特征：即使知道其他人已经清楚地了解了事实的真相，但他们还是会轻而易举地歪曲现实。下面这些言论有些来自一封呈交法庭的信件，它试图减轻判决，还有一些来自判决听证前的审讯。

- 我已经接受了金融方面的培训，成为一名金融规划师。我是规划师。我不是什么“职业骗子”或“行骗老手”。
- 1983年之前我在工作上从未出现过违法行为，无论是在金融业或者其他任何领域。
- 我是一个感情丰富的人。

格兰布林非常清楚地知道，自己的陈述与法庭获得的事实并不一致。他就是“行骗老手”，他在1983年之前就已经出现过违法行为，此外，所有报告都显示，就字面意义而言，他并不是一个

“感情丰富的人”。他的骗子行径和先前的违法行为都有着详细记录。早在20世纪70年代初期，他还是一名大学生时，就从所属的学生组织里盗用了几千美元。为了避免传出丑闻，该学生组织接受了他父亲送来的支票，没有对他进行指控。

格兰布林的第一份工作是服务于一家大型投资银行，老板认为他“在专业上不称职”，“鼓励”他离职。在随后的一份金融业工作中，他伪造履历欺骗了该公司。辞职以后，格兰布林走上了职业的诈骗与盗窃之路。

至于感情问题，罗斯纳谈到了格兰布林的妻子，“她为自己的儿子们备感担忧。格兰布林一直以来都是个不称职的父亲，他冷酷无情，总是见不到人影。对于自己的罪行，他向儿子们撒了谎，就像对所有提问的人一样。他对妻子也总是撒谎，次数多得都数不清了”。此外，“她从来都不了解自己的丈夫：‘这就好比头天晚上我的枕边人是一个像童子军一样单纯的男人，而醒来时他却变成了开膛手杰克。’她和所有人一样都被骗了。她曾经说过，自己希望只不过是遭到了强奸。然后一切都结束了……有个朋友很同情他，告诉她说自己无法理解为什么格兰布林的刑判得这么重，他只不过是名‘白领罪犯’。她当时恨不得撕烂这个朋友的嘴。这个所谓的只不过是名‘白领罪犯’的人，她每天都要与其同床共枕”。根据对格兰布林家庭关系的深入报道，罗斯纳及其同事的结论是，他们从未“见过对‘白领罪犯’的心理进行得如此全面透彻的分析：对财富积累永无止境的追求；利用他人以达到这一目的；除了自恋以外，抛弃了所有情感以及与他人的情感联结”。

格兰布林总是能够为自己的行为找到一个合理的解释，而这很生动地体现了心理变态者对受害者的态度。他希望“自己人见人爱”，辩称自己是“金融规划师”，“害怕丢脸”，除此之外，他认为自己的犯罪行为是挫折和压力所导致的合理反应，或者相较于自己，受害者应该承担更大的责任。罗斯纳说：“在格兰布林看来，所有那些信任、相信他的人都蠢透了，他们活该得到这个下场。”

信任恶魔

格兰布林能够充分利用自己的魅力、社交技巧和家庭关系来获得他人的信任。人们普遍持有的一种想法使他如虎添翼：某些阶层的人值得信任，因为他们拥有特殊的社会地位或职业身份。例如，律师、医生、教师、政客、咨询师，诸如此类，他们通常不费吹灰之力就能获得我们的信任；这些职业本身所具有的特点使我们信任他们。当面对二手车销售员或电话推销员时，我们会警觉起来，但是我们却常常会盲目地将自己的资产和钱财委托给律师、医生，或者投资顾问。

大多数情况下对方没有辜负我们的信任，但事实上我们是如此容易轻信他人，而这使得我们轻而易举地成为所遇到的每个投机取巧者的捕猎对象。这些人中最危险的——信任骗取者中的“王中王”——就是心理变态者。一旦获得信任之后，他们就会表现出令人震惊的冷酷无情，然后背叛我们。

我们的被试之一——我称其为布拉德——是一名40岁的律师，他在“心理变态核查表”上的得分很高。他给我们提供了一个很好的例子，说明了心理变态者是如何利用其职业来自私地满足个人需要。布拉德来自一个受人尊重的家庭，有个当律师的妹妹。由于违反信托约定诈骗了几百万美元，他被判入狱4年。他从几名顾客的信托账户里拿走了他们的钱，并且伪造支票，以妹妹和父母的名义从银行提取现金。他说自己只是暂时借用这些钱，来弥补自己在股市上由于运气不佳而导致的亏空，他会“连本带利地把每一分钱都还回去的”。而实际上，布拉德的放荡生活众所周知：他已经结过三次婚，开保时捷，拥有一套昂贵的公寓，吸食可卡因，并在当地债台高筑。他极其擅长“掩盖真相”，但事情最终还是完全败露了。

布拉德的问题并不新鲜。早在青少年时期，他的父母就常常为其交纳保释金，大多都是一些小打小闹，诸如破坏他人财产和打架斗殴之类的小问题，但是同样也有性侵自己12岁的堂妹以及典当母亲家传的珠宝这样的大麻烦。学业对他而言没有什么问题，他说：“我很聪明，不需要特别用功就能读完大学。有些课程人非常多，所以有时候我就叫别人帮我代考。”在法学院时他曾被逮到藏匿毒品，但他声称那是别人的，从而逃脱了指控。

在最近一次犯罪服刑18个月之后，布拉德获准保释了。然而2个月后，有人发现他试图驾驶他母亲的汽车（未经允许私自驾驶）偷渡出境，因此保释被废除了。

在我们的采访中，布拉德给人的印象是非常令人愉悦、极有说服力的。对于受害者们，他说没有人真正地受到了伤害，“法律社会有资金来弥补这些事情。我被关了起来，我不该受到这么重的惩罚”。而事实却是，其法律合伙人及其家庭都因为他的行为而遭受了巨大损失。

知道了他们的人格，那么心理变态者会成为出色的骗子就丝毫不令人意外了。他们毫不犹豫地进行伪造，厚颜无耻地运用各种作用强大的职业证书，如同变色龙一般扮演着各种职业角色，这些角色赋予了他们特权和权力。当事情开始败露时，他们的惯常做法不过就是收拾包袱、溜之大吉。

大多数情况下，他们选择的职业所必需的技能都易于模仿，行话易于习得，而且也不太可能去对其职业证书进行彻底核查。如果该职业同时还在说服、操纵他人的能力上要求很高，那么就更好了。因此，心理变态者发现冒充金融顾问、牧师、咨询师和心理学家是件轻而易举的事，但是伪装其他一些职业却很难成功。

有时候一些心理变态者会冒充医生，他们可能会进行诊断、开药，甚至做手术。这时常会威胁到患者的健康和生命，而他们对此毫不担忧。10年前在温哥华，有个人伪装成整形外科医生。他几乎做了一年的手术——大部分都很简单但也有一些非常困难——过着奢华的、有钱人的生活，并且积极参与社交和慈善活动。当人们开始质疑他与患者之间的性关系、医疗过程，以及一些拙劣的手术时，他就消失不见了，留下备感尴尬的医疗机构，以及一群身心都遭受伤害的患者。几年之后他在英国露面了，他在那儿由于冒充医生而被捕入狱。在审讯中人们获悉，他曾多次冒充社会工作者、警察、报关员，以及婚姻问题心理学家。当问及如何能够扮演如此众多的角色时，他回答说："我博览群书。"他的刑期很短。也许现在他就在你的身边。

瞄准弱势群体

实际上，心理变态者可能会打着律师或投资顾问的牌子招摇撞骗，想到这些不禁让人担忧。但更令人坐立不安的是，一小部分专业人士——医生、精神病学家、教师、心理学家、咨询师、儿童救护工作者——冷酷无情地滥用自己的权力和他人的信任，而他们的工作正是帮助弱势群体。例如在《理性的面具》一书中，哈维·克莱克利栩栩如生地描写了一名心理变态的医生和精神病学家。他指出，和那些终老于监狱或精神病医院的心理变态者相比，两者之间的真正区别就在于，他们会想方设法使自己看上去更正常一些。然而，他们道貌岸然，令人感到不舒服，也很容易被戳穿，而这常常令那些不幸的患者大感惊讶和沮丧。最为常见的就是那些利用职位之便对患者进行性侵犯的心理治疗师，被侵犯的患者往往不知所措，感觉自己遭到了背叛。如果受害者心生抱怨，那么他们可能会进一步受到伤害，因为医疗体系更相信的是治疗师："显然我的病人饱受困扰，渴望关爱，有幻想倾向。"

滥用他人信任以满足个人私利这种最可怕的行为通常涉及社会中的最弱势群体。遭受了父母、其他亲人、保姆、牧师和老师性虐待的儿童数量多得惊人。在这些施虐者中，最恐怖的就是心理变态者，他们肆意地摧残所监护儿童的肉体和心灵。许多施虐者在儿童时期也遭受过虐待，他们饱受心理折磨，对自己的所作所为常常会痛苦不安，然而不同于这些人，心理变态者内心往往毫无波澜——“我只不过是顺手牵羊罢了”。我们的一名被试如此说道。由于性侵犯其女友8岁的女儿，他被判入狱。

几个月前，我接到西部地区一名精神病医生的电话。她说，在那些受政府委托对心理障碍和失足少年进行治疗的私人机构中，有不少都因虐待患者而遭到指控。与这些机构打交道的经验使她怀疑，许多违法者都是心理变态者，他们故意利用职务之便以及他人的信任对患者进行性虐待。她建议采用“心理变态核查表”，对那些申请进行看护和治疗的私人机构中的员工进行鉴别。

为所欲为

当然，我们身边总是会有一些心理变态者，他们欺骗他人为自己效劳，通常目的是获取金钱、声望、权力，或者在囚禁时获得自由。从某种意义上说，假设他们“天生”就具有一种适合该工作的人格特点，那么我们很难想象除此之外他们还能做什么。加上那些无往不胜的敲门砖——漂亮的外表和出众的口才——他们就拥有了招摇撞骗的强大秘方，正如布拉德那样的人所证明的一样。

令人出乎意料的是，很多人如此容易上当受骗，正是由于他们根深蒂固地相信人类天生是善良的，结果使得心理变态者更容易得手。

最近报纸上刊载了一篇名为“行骗老手的最后一招：吐露真言”的文章，文章讲述了一个男人通过诈骗手段成为年度人物、商会主席（似乎让人看到了连环杀人犯约翰·韦恩·盖斯的影子，由于第一桩谋杀案的指控而中断了国际青年商会主席竞选），并且在其居住了10年的小镇上，他还是共和党执行委员会的成员。他声称自己是伯克利大学心理学博士，决定在当地的学校董事会竞选一个职位。“报酬是18 000美金，”他后来说道，“我想我可以利用那笔钱进入县委员会，酬劳30 000美金。接下来可能就是州议员。”

当地一名记者决定调查他所提供的身份信息。结果发现，除了出生地和日期，所有信息都是伪造的（“其中常常夹杂了一点儿真实信息”，他如实告诉记者，并希望能够借此获得自由）。正如记者所发现的那样，这个男人不仅是个彻头彻尾的骗子，还有一长串记录在案的反社会行为、诈骗、伪造和入狱的经历，而他与大学的唯一联系就是他在莱文沃思联邦监狱服刑时，曾在一所大学进修继续教育课程。“他在成为大骗子之前就是个小骗子。他是那种为了搭顺风车不惜去偷童子军制服的小孩。为了赢得一枚奖章，他会对人们说自己曾经四处流浪。后来他参了军，但是3周后就开溜了。随后他伪装成皇家空军的一名飞行员。他使人们相信他是个英雄……为了躲避受害者，20年来他在美国到处东躲西藏。在此期间他娶过3个老婆，离了3次婚，有4个小孩。至今为止，对于他们的情况他都全然不知。”

真相被揭穿之后，这个男人一点儿都不担心，他说他知道如果自己被发现了，那么“总有些容易上当受骗的人会支持我。作为一个合格的骗子，我看人是很准的”。他补充道，这一论断也许比他说过的其他所有事情都要真实。唯一让他感到尴尬的是，揭发他的只是区区一个地方记者。即便如此，面对这名记者突然袭击式的采访，他也能即席发言予以拒绝，“这件事我没什么好解释的”。

也许在该事件中，最引人注目之处在于人们对以下事实早已习以为常了：虽然当地委员会彻头彻尾地被他欺骗了，但是人们非但没有谴责这个家伙令人愤慨的欺骗行为，反而还忙不迭地支持他，并且他们提供的支持还不只是象征性的。“我认为（他的）天才、正直和对工作的奉献精神足以与亚伯拉罕·林肯总统相媲美。”共和党主席这样写道。也许他是被这个骗子的花言巧语所迷惑，对其所作所为视而不见。又或许是他和委员会的其他成员都无法接受自己上当受骗这一事实。正如一位评论员所言，“在愤世嫉俗的美国社会中，成为傻瓜比违法犯罪更丢脸”。

理所当然，这会使那些行骗老手和坑蒙拐骗者更容易得手。我们的骗子看到政界大门洞开、畅通无阻，就开始盘算着进去。“对于一个政客来说，出名非常重要。而比起以前，现在更多的人知道了我的名字，”他说，“我可以凭借这个干很多年。”如果我们被当众揭穿说谎和行骗，大多数人都会深感震惊和羞耻，但是心理变态者不会。他们仍然能够直视公众的眼睛，“神圣地发誓”，作出慷慨激昂的保证。

一件令人很不舒服的案例就发生在眼前，我曾经受邀去加利福尼亚参加一个有关犯罪的会议，就我对心理变态者的研究进行演讲，并将得到500美元作为酬劳和开支。会议过去6个月后，我仍然没有收到那笔酬劳，于是我就去询问，结果得知会议组织者在华盛顿的一次政府会议上被逮捕了，并被指控涉嫌多起诈骗、伪造和盗窃案件。结果人们发现，他有一长串的犯罪记录，多名精神病学家都将其诊断为“典型的心理变态者”，为了找工作，他还伪造了一些文件和推荐信。不用说，我并不是唯一没有拿到酬劳的演讲者。更有趣的是，在我演讲过后不久，他就给我寄来了一份文章的复印件——末尾还附有编辑评论——内容是关于心理变态者的诊断。被捕之后，他获保释出狱，自此以后便销声匿迹。

具有讽刺意味的是，我与这个男人打交道的时间并不少，在演讲之前举行的午宴上以及后来在酒吧里，我在他身上没有觉察到任何不寻常，或者可疑之处；我的“探测天线”没有在他出现时发出信号。我会借钱给他吗？或许会。我想起自己坚持支付了酒吧的账单。他的脖子上可没有戴铃铛！

亚犯罪的心理变态者

许多心理变态者反反复复地进出监狱或者其他相关机构。这种特殊模式就是终生不断地从一种或另一种职业到入狱，然后又回到大街上，再次入狱、出狱，也许会进入一家心理健康机构，而一旦工作人员发现手中的患者不断制造麻烦，影响了机构的正常运作，马上就会把他再送出来。在这种典型案例中，他们就像一只失去控制的乒乓球。

然而，很多心理变态者从未进过监狱或者其他相关机构。他们的社会运作似乎合情合理，相当不错——作为律师、医生、精神病学家、学术研究人员、雇佣兵、警务人员、宗教人士、军人、商人、作家、艺术家、演艺人员，等等——他们从未触犯过法律，至少没有被抓到和定罪。与普通的心理变态罪犯一样，这些人也是彻头彻尾地以自我为中心、麻木无情并善于操纵他人的；但是，他们所拥有的智力、家庭背景、社交技巧和生活环境使其建构了一个貌似正常的假象，并且能够得到自己想要的东西而免于遭受惩罚。

有些评论家把他们称为“成功的心理变态者”。而另一些人则争辩说这类人对社会是有好处的。这种辩护认为，正因为他们能够忽视社会规则，聪明的心理变态者们能够超越传统思维的束缚，为艺术、电影、设计等提供灵感。不论这一观点的价值如何，在我看来，这些都远远不能弥补当他们肆意破坏社会规则之后留下的破碎心灵、倒塌的事业和醒悟后被抛弃不顾的人们，而这些都是为了满足他们“自我表现”的需要，而他们却丝毫不知悔改。

与其把这些人称为“成功的心理变态者”——毕竟，他们的成功常常只不过是幻影，并且总是以他人的付出为代价——我更愿意把他们称为“亚犯罪”的心理变态者。他们的所作所为，尽管在技术层面并没有违法，但往往违背了约定俗成的道德标准，游走于法律的边缘。有些人在商业交易中会有意采取一些残酷、贪婪和明显不道德的手段，但在生活中的其他方面表现得诚实而富有同情心，而“亚犯罪”的心理变态者与这些人不同，他们在生活中的所有方面都表现出了大致相同的行为和态度。如果他们在工作中撒谎和欺骗——并且不得不离职，或者甚至为此受到尊敬——那么他们在生活中的其他领域也会撒谎和欺骗。

两个商人走在一起，每人都带着一个公文包。“我们只是在道德上破产了。”一个说。“感谢上帝。”另一个说。

——摘自比尔·李在《欧美尼》中的卡通画，1991年3月，第84页

我敢肯定，如果这些人的家人和朋友不怕遭到报复，愿意讨论自己的经历，那么我们就会发现一个老鼠洞，其中充满了情感虐待、追逐女色、背信弃义和累累恶行。这些老鼠洞有时候会以戏剧性的方式公之于众。想想那些相关文件，一大摞的案例，例如一位“委员会核心成员”犯下重罪——比如说谋杀或强奸——并且在警方和新闻媒体的调查过程中，罪犯的黑暗一面被揭露出来。书籍和电影中都生动地描绘了很多这样的案例，而深感震惊却又饶有兴趣的公众不禁要问，“他们哪里出问题了？”或者是，“他们为什么要这样做？”

多数情况下，答案是罪犯并非突然“出了问题”。总是游走

于法律边缘的人很有可能会坠入深渊。在这些案例中，犯罪行为不过是异常人格结构所导致的自然结果，而这种异常人格结构一直就呈现在外，但是由于好运、社交技巧、掩饰、恐惧的家人或者习惯性地拒绝接受真相的朋友和伙伴等因素，使它并未引起导致司法系统注意的犯罪行为。

例如，我们可以想一下约翰·盖斯（《被埋葬的梦想》）、杰弗里·麦克唐纳（《命运之眼》）、泰德·邦迪（《我身边的陌生人》）、戴安娜·唐斯（《微不足道的牺牲》）、凯文·科（《儿子》）、安杰洛·布诺和肯尼思·比安基（《一丘之貉：山腰绞杀手》）、肯尼思·泰勒（《以孩子的名义》），还有更多令人不禁为之震惊的案例，它们通过书籍的描述而广为人知。

现在这些人大多都被诊断为心理变态者，但是关键之处在于，他们的人格障碍及其行为不是突然出现、凭空而起的。在被捕之前，他们一直都是如此。他们现在是心理变态者，以前也是。

这个想法令人深感不安，因为它表明引起公众注意的那些案例只是冰山一角。

在附近任何地方都可以发现冰山的剩余部分——在商场、家庭、职场、军队、艺术界、娱乐业、新闻媒体界、学校，以及蓝领世界。在心理变态者的魔爪之下，成千上万的男人、女人和儿童每天都在遭受着恐惧、焦虑、痛苦和羞辱的折磨。

而悲剧就在于，这些受害者常常无法让他人明白自己正生活于水深火热之中。心理变态者非常擅长在适当的时候，给人留下良好的印象，并且他们常常把受害者描绘成真正的罪犯。正如一位女士——她是一个40岁高中老师的第3任妻子——近来告诉我的那样，“他骗了我5年，我一直生活在惶恐不安之中，他还在我的个人银行账户上伪造支票。但是每一个人，包括我的医生、律师和朋友们，都把问题归咎于我。他使他们相信他是如此伟大，而我正在变得精神错乱，我自己也开始相信他的话了。甚至当他把我银行账户里的钱席卷一空，然后和一个17岁的学生私奔以后，很多人都还觉得难以置信，有些人想知道我到底做了些什么，他才会做出这样奇怪的举动”。

在1990年4月1日的《纽约时报》上，丹尼尔·戈尔曼撰写了一篇文章，介绍了罗伯特·霍根对经理和主管们的研究，研究显示，他们具有“领袖气质的阴暗面”。霍根是塔尔萨行为科学研究所的一位心理学家，在他的笔下，“那些有瑕疵的经理们，他们被光环围绕的形象掩盖了破坏性的黑暗面”，并且他们的“行为举止不受常规制约。但是他们在职场升迁之路上爬得很快，他们在自我提升方面的本领出类拔萃”。他说道：“当他们展示出迷人魅力时，就像美女蛇一般，正如《达拉斯》中的J.R.尤因。”心理学家亨利·莱文森曾经对经理们身上存在的健康和不健康的自恋现象进行过研究，在谈及这些研究时，霍根指出，不健康的自恋者有一种近乎自高自大的自信，并且对下属鄙夷轻视。引用他的话说：“他们尤其擅长对上级溜须拍马，对下级色厉内荏。”

职场中的心理变态者

以下案例研究由纽约的工业/组织心理学家保罗·巴比亚克友情提供：

戴夫35岁左右，他获得了一所州立大学的学士学位，现在是第3次婚姻，有4个孩子。在一次对科罗拉多一家大型公司进行组织行为学方面的研究时，他作为一名“问题员工”引起了巴比亚克的注意。他在面试中的表现十分优秀，因此，当事情不太对劲时，他的上司万分惊讶。

戴夫的上司发现，他完成的第一份重要报告中有大量内容是抄袭的。面对质疑，戴夫轻描淡写地一带而过，解释说“依葫芦画瓢”是在浪费自己的时间和才华。他常常“忘记”某些枯燥乏味的工作，并且不止一次地给上司留言，说他不想做额外的工作。

与部门里的其他员工谈过话之后，巴比亚克开始意识到戴夫是部门中大多数冲突的根源。同事们诉说了戴夫大量的破坏性行为的事例。例如，有人告诉他，戴夫刚进部门后不久，就朝上司秘书大吼大叫，然后闯入上司的办公室，要求开除她，因为她竟敢拒绝星期六来公司办事（没有提前通知）。而她对这件事情的讲述版本则有些不同：戴夫当时非常粗鲁无礼，假惺惺地亲近她，当得知她不会置所有事情于不顾而迎合他的要求时，就变得烦躁不满。戴夫的准备工作常常不充分，并经常在员工大会上迟到。而如果他参加会议，大家就知道他一定会发表言辞激烈的长篇演说。上司要他克制自己的情绪，戴夫却回答说，在他看来，斗争和攻击是必要的力量，人们需要这些来促进生活的进步。他的上司评价说，戴夫似乎从来没有根据收到的反馈信息进行反思，而坚持说以前从未有人指出他的错误。

同事们对戴夫的描述相当一致——他们认为他粗鲁、自私、不成熟、以自我为中心、不可信赖并且不负责任。实际上，所有人都说最初很喜欢他，但是过了一段时间后就开始不再信任他，他们还知道他为了得到大家的合作而说的那些故事都是编造出来的。尽管如此，他们还是与他和睦相处，因为他们不想因为他捏造的故事而"揭穿他"。一些宣称"看穿了他"的员工说，事实上他所说的一切都是谎言，永远不要相信他的诺言。

在他与巴比亚克的见面中，戴夫把自己描述成一个努力工作的人、一个强有力的领导、一个团队建设者，诚实、睿智，认真负责"组织管理"部门。实际上，他建议上司离开公司并由自己接替他的职务（他的上司说戴夫曾经直接对他提过这个建议）。他同时还说自己真正的上司是这家公司的董事长。他给人的印象是相当地自以为是，从不关心别人对他的感觉如何。他的态度和言语给人的感觉是：对他而言，其他人都微不足道。

核查了戴夫的证明材料之后，巴比亚克发现了一些自相矛盾的地方。例如，简历和申请表上所写的主修专业不相同。在第3份文件，一封信中，列出的又是第3种专业。巴比亚克把这些拿给戴夫的上司看（他以前从未注意到这些），上司给戴夫发了一封短信，要求他给予解释。在回复上司的短信中，戴夫划掉了错误的学位，竟然又写上了第4种！面对质问，他变得目中无人，并且轻描淡写地说，为了达到不同目的而声称自己学习不同专业并没有什么大错，因为他学过提到的所有专业的课程。

拿到了戴夫不正当报销开支的证据后，戴夫的上司在自己的上司面前表达出了对戴夫的不满，结果得知戴夫从一开始就一直在抱怨他。在听取了很多故事的“另一个版本”之后，行政人员建议对戴夫的诚实性进行测试。他们一致同意，第二天早上由其上司将这一信息传达给戴夫。会面按照计划进行了，戴夫随后打电话给更高级别的行政人员，要求进行私人会面。在会面中，他把关于其上司的抱怨又述说了一遍，但所有信息都被他歪曲了。这使得行政管理人员相信戴夫在撒谎，并试图暗中诋毁其上司。然而令人惊讶的是，针对戴夫的后续行动却受到了高级管理层中一些成员的阻挠。

这一案例中最让巴比亚克感兴趣的是，虽然戴夫身边那些人都确信他善于操控他人、不负责任、缺乏诚实，然而高级管理层的成员却相信了——被戴夫所迷惑——他的管理能力和潜质。尽管他的撒谎证据确凿，但是他们仍然被他“迷惑”了。他们为他开脱，他的夸夸其谈和胡言乱语表现出了几近艺术家的创造性。而在这些人眼中，他的攻击性和造谣中伤不过是“野心勃勃”的表现而已。戴夫能够使这两组人对自己形成截然不同的看法，这使得巴比亚克试图对其人格进行更加系统化的评价。

因此，戴夫在“心理变态核查表”中获得高分也就不会令人感到惊讶了。他的人格和行为不同于组织中常见的“问题员工”。

从组织行为学的观点来看，戴夫实际上非常成功；他在两年中获得了两次提拔，获得了常规性加薪（尽管其上司对他的工作表现给予了消极评价），并且成为公司一项接班人计划中的高潜质员工。从心理学的角度来看，巴比亚克也认为他很成功，因为他能够操纵高级管理层，使其相信他的观点长达两年多。这一点尤其值得注意，因为要知道，他的同级、下级和顶头上司都看到了他所表现出来的各种行为和特点，而研究者通常把这些归为心理变态者所特有的。

滋生的温床

对于那些想大干一场的白领心理变态者来说，从来都不缺乏机会。所有重要报纸的财经版面中，依照惯例都会刊登一些调查报告，而它们都是一些行骗老手和诈骗专家所捏造、操控的见不得人的发财之路和交易。在口若悬河的心理变态者眼中，发财的机会成千上万，而这些报道只不过涵盖了其中一小部分，他们的脑子擅长计算数字、熟知社交技巧，他们可以在金融界里左右逢源。对这些人来说，潜在的利益是如此巨大，规范条款是如此灵活，监察人如此疏忽大意，他们一定会感觉自己找到了天堂。近来出现的一些案例，除了其中一桩以外，其他案例都让人震惊。它们说明了野心勃勃的心理变态者可以利用的漏洞有多么巨大，当然他们也的确利用了这些漏洞。

- 《福布斯》上发表了一篇标题为“世界诈骗之都”的文章，

它把温哥华证券交易所描述为“云集了大批骗子股票经纪人、骗子股票经纪人的儿子，以及骗子股票经纪人朋友的儿子”的地方。当地报纸连续长篇累牍地报道了各种诈骗、欺诈、虚假的业绩上升和明目张胆的骗局，目的都是推动交易所的股票上涨。被抓住以后的惩罚常常令人好笑，因此这些惩罚对于这种疯狂贪婪的阴谋肯定不会起到任何抑制作用。如果我无法研究监狱中的心理变态者，那么我的下一个选择很可能就是对类似温哥华证券交易所这样的地方进行研究。

● 由于里根总统在20世纪80年代早期解除了管制，到了80年代晚期，美国联邦储蓄贷款（S&L）中的许多坏账、虚假承诺、欺骗性商业行为，以及各种贪婪行径在10年中喷涌而出。由于不必遵守政府严格监管下的各项法规，一些S&L员工开始自由处置储户的钱财，逐渐形成了债务雪崩，最终导致了一次史无前例的金融大灾难。在撰写本书时，美国纳税人花费在称之为S&L复兴计划中的数目已经达到了一万亿美元之多——超过了越南战争的总费用。

● 尽管这似乎令人无法相信，但是S&L的丑闻已经被近期所揭露的一个全球网络中令人难以置信的贪婪和腐败消息盖过了风头。“在现代金融丑闻史上，没有一个可以与国际信用商业银行正在被揭开的故事相匹敌，在这个控制着200亿美元的流氓帝国里，有62个国家的资金管理者被解职……它席卷全球，令人震惊。从来没有一次丑闻涉及了如此巨额的财产、如此多的国家和如此多的重要人物……最极端的词语都无法表达：它是有史以来最大的合伙犯罪机构……是有史以来渗透性最强的洗钱机构和金融超市。”

在撰写本书时，出版业巨子罗伯特·麦克斯韦尔的神秘死亡开启了一个巨大的藏污纳垢之所。麦克斯韦尔的商业帝国在遭到指控后轰然倒塌了，指控声称几亿美元的资金被非法撤离。这个案例与本书颇为有关，它很好地显示了在一个精心营造的公众面具之下，是如何隐藏各种见不得人的勾当和一颗邪恶的心的。

尽管众所周知，他是个恶棍、吹牛大王，擅长把资金周转于各个公司之间，但是大多数认识他的人，包括记者，都想方设法对此秘而不宣。麦克斯韦尔拥有巨大的权力，能够胁迫其批评者保持沉默。同样，从这种“肆无忌惮的贪婪”以及人们对“未定罪的吸金恶棍视而不见”中，他也获益颇丰。（摘自彼得·詹金斯的文章《船长鲍勃揭秘：恶棍与秘而不宣的阴谋》，《独立新闻报》，1991年12月7日）

他们有利可图

不难理解，为什么心理变态者如此迷人，为什么在白领犯罪中如此成功。首先，他们面临着许多诱人的机会。我们的一名被试被判售卖伪造的公司债券，正如他所言：“如果不是有那么多唾手可得的机会让我可以大捞一笔，那么我也就不会坐牢了。”他唾手可得的机会就是各种基金、炙手可热的股票上涨、筹集慈善基金，以及假期公寓计划，以上这些还只是冠冕堂皇的各种机会中的一小部分，像他这类人正在悄无声息地运作着这些资金。

其次，心理变态者具备招摇撞骗的本事：他们口齿伶俐、魅力无穷、充满自信、在社交场合应对自如、遇事冷静，就算可能会被揭穿也依然神态自若，完全无动于衷。甚至就算事情完全败露时，他们也能表现得若无其事，常常使得批评者尴尬不已，怀疑是不是自己搞错了。

最后，白领犯罪有利可图，被捉住的可能性很小，而且处罚常常也无关痛痒。想想那些知道内幕的交易者、垃圾股票大王，以及 S&L 大鳄，他们的掠夺带来的金钱是如此丰厚——即便是他们被捉。在很多情况下，贪婪和欺诈的游戏规则运用于巨大范围之内，不同于一般的犯罪。通常，前者的游戏成员形成了一个结构松散的网络，以保护其共同利益：他们来自相同的社会阶层、相同的学校，属于同一个俱乐部，甚至可能参与了最初的规则建立。银行抢劫犯可能会被判刑20年，但是骗取公众几百万美元的律师、商人或者政治家则会遭到罚款或者延期审判，通常会有长时间的耽搁、延期和采用模糊的法律策略。我们会指责、远离银行抢劫犯，却会请求资金挪用犯帮助我们进行投资或者加入我们的网球俱乐部。

有个人（X 先生）近来卷入了股票内部交易丑闻，其代理律师来到温哥华，希望我能帮助他为自己的客户辩护，说他是受游戏中的另一个玩家（Y 先生）的“指使”。这名律师建议我使用“心理变态核查表”来测试那人是否心理变态，他还说“钱不是问题”，提出我也许需要去拜访Y先生的朋友、生意伙伴、老同学和邻居。他还说可以安排我住在Y先生常去的海滩附近，我所要做的一切就是对他进行足够的了解，以便完成心理核查测试。当我问及知道Y先生是否是心理变态对他有何用处时，律师回答说这对案件很关键，因为众所周知，心理变态者臭名昭著、撒谎成性、不可信赖，为了满足一己之私而不惜一切代价。如果Y先生能够被诊断为心理变态，那么他的证词就可能无效，律师也就有了更多机会来向法庭进行合理的辩护。尽管我本来可以变得非常有钱——“钱不是问题”——但我还是婉拒了这一请求。

不幸的是，比起直接针对公众的犯罪如抢劫或强奸，很多人并不认为白领犯罪的性质也如此恶劣。在本章开头提到的案例中，面对即将进行宣判的法官，约翰·格兰布林进行了如下辩护：

迄今为止我已经在监狱里待了两个月，也体验到了和贫穷无知的偷渡客、职业罪犯、瘾君子、走私犯和杀人犯同住一间牢房的滋味。我不得不和社会中的这些人待在一起，这让我的情绪和尊严都降到了低谷，但是我在这儿，根据某种逻辑，你们会认为我和他们是同类。不过我可以毫不犹豫地告诉你，我和他们完全不一样。我们看上去不一样，说话不一样，行为举止不一样，感受也不一样。

本案的法官虽然不同意格兰布林的观点，但是他评论说："在现实中，针对个体的犯罪与针对财产的犯罪是有区别的……有人强奸了你，或者威胁要强奸你，或者威胁要杀死或弄残你，和有人用钢笔造成了巨大损失，这两者之间是不一样的。"原告指出："联邦政府为有钱人和特权者准备的监狱里有可口的食物、慢跑设施、最新上映的电影和图书馆……为有钱人和特权者准备的监狱简直是国家的一种耻辱。"

手握大把钞票、渴望过上舒适生活的心理变态者是不会白白浪费这些信息的。

第8章

言不由衷

虽然两个作者都说出了相同的话，但并不一样。一个是发自肺腑，另一个却是言不由衷。

——查尔斯·贝玑，“诚实的人”，《基本事实陈述》（1943）

心理变态者的受害者们在讲述故事时，如歌曲中的副歌一般反复问一个问题：“我怎么会这么蠢呢？我怎么就相信了这么不靠谱的骗人鬼话呢？”

如果受害者不反省自问，那么肯定会有人提出以下问题。“你究竟是怎么上当受骗的呢？”典型的回答是：“没办法！你不得不上当。当时它似乎是那么合情合理。”这个回答显而易见的——并且也在很大程度上有确实依据的——含义就是，如果当时我们身临其境，那么可能也会身陷其中。

很多人太过善良又太容易相信他人、受骗上当——他们早已是身边所有花言巧语者的目标。但是其他人又如何呢？令人悲哀的是，事实上我们都容易受骗上当。只有一小部分人极其老于世故，目光敏锐地洞悉了人类的本性。在他们面前，精通骗术、深谙此道的心理变态者可能无法得逞。甚至那些研究心理变态者的人也无法识破他们。正如我在前文所指出的那样，我和学生有时候也会受骗上当，即使我们警觉地知道自己可能是在与一名心理变态者打交道。

当然，并不是只有心理变态者才会病态性地谎话连篇。心理变态者与其他所有人的区别在于：他们在撒谎时相当从容自若，欺骗行径随处可见，并在行为处事时冷酷无情。

但是在心理变态者的言语中，还有其他东西同样让人困惑不解：他们所说的内容常常相互矛盾、不合逻辑，但总是逃脱了核查。近来对心理变态者言语行为的研究为我们提供了一些重要线索，它们有助于我们解开这一谜题，并了解心理变态者轻而易举地利用词语——还有公众——的神秘能力。但是首先，下面列举了一些案例来说明这一点，前三个来自在“心理变态核查表”上得分很高的服刑人员。

- 当被问及是否曾有暴力犯罪时，一个因盗窃罪而入狱的男人回答说：“没有，但是我曾经不得不杀死一个人。”
- 一个女人有一长串的诈骗、欺骗、撒谎、违约记录，在交给假释裁决团的一封信中，她在末尾写道：“我曾让很多人失望……做人要对得起自己的名声和良心。我说到做到。”
- 一个男人因持械抢劫而被判入狱，在回应一名目击者的证词时他说：“他在撒谎。我当时不在那儿。我真应该早他妈的把他脑袋打烂。”

● 一档小型电视节目报道了一个无耻的欺骗老年女性的行骗老手。主持人问道：“你认为对错的标准是什么？”他回答说：“我还是有道德标准的，不管你相不相信，我有道德标准。”对于主持人的问题“那么你的标准是什么呢”，他回答说：“问得好。我不是在转移话题，但的确问得好。”主持人继续问道：“事实上你不是在公文包里放着空白的律师权利表，带着它们到处走吗？”他回答道：“没有，我没有带着它们到处走，但在我的公文包里是有一些律师权利表，是的。”

● 当泰德·邦迪被问及他服用哪种可卡因时，他回答说：“可卡因？我从来没有用过……我从来没有试过可卡因。我想我可能试过一次，什么感觉也没有。只是用鼻子吸了一点儿。我没有对它上瘾，它太贵了。我想如果我在街面上混，有足够多钱的话，我可能会上瘾。但是我只服用大麻。我做的一切就是……我爱抽大麻烟卷，当然还有酒。”

看看这些——不仅谎话连篇而且前后的话还自相矛盾，这令人非常困惑。有时候心理变态者似乎很难驾驭其语言，但是他们放出了前言不搭后语的烟幕弹，让人不知所云。

心理变态者有时候还会以奇怪的方式把词语放在一起。例如下面这段对话，它发生在一名记者与心理变态的连环杀人犯克利福德·奥尔森之间。“然后我就每年和她干。”“一年一次吗？”“不是。每年，从背后。”“哦。但是她已经死了！”“不，不。她只是昏过去了。”谈到自己的许多经历，奥尔森说：“我已经得到了很多解决良方，足够写五六本书了——足够写三部曲了。”他下定决心不做“替罪羊”，不论“事实如何变化”。

当然，我们说出的话不是自动从口中蹦出来的。它们是极其复杂的心理活动的最终产物。这提出了一种有趣的可能性，即心理变态者的心理过程，与他们的大多数行为一样，不怎么受调控，不受社会规范的制约。后面将会讨论这个问题，有证据表明心理变态者的大脑组织方式以及词语与情绪之间的联系不同于其他人。在下一章中，我会讨论与之相关的问题：为什么听者常常没有注意到心理变态者在言语上的怪异之处。

一名已被判有罪的连环杀人犯埃尔默·韦恩·亨利正在申请假释，他说自己是一名年长连环杀人犯的受害者，他曾与那人一起行凶，要不是这样，他自己一点儿错都不会犯。通过合谋，他们至少杀害了27名年轻男子和男孩。“我是被动的，”他申辩说，“我真的不想成为一个心理变态，也真的不想做一个杀人犯。我只是想做一个好公民。”

看看以下这段访谈者与亨利的对话。访谈者说：“你辩解说自己是一名连环杀手的受害者，但是根据犯罪记录，你就是连环杀人犯。”亨利回答道：“我不是。”“你不是连环杀人犯吗？”访谈者不相信地问道。而亨利回答说：“我不是连环杀人犯。”随后访谈者说：“你现在说自己不是连环杀人犯，但是你已经杀死了不少人。”亨利有些恼羞成怒而又自以为是地回答说：“好吧，是的，这是语义学上的问题。”

——摘自《48小时》中的片段，1991年5月8日

谁在掌控一切？

对于大多数人而言，大脑两侧具有不同的、专门化的功能。左半球擅长加工分析性的、连续性的信息，而它在理解和使用语言上起到了关键作用。右半球则作为一个整体，同时加工信息，它在空间关系、想象、情绪体验和音乐加工中起到重要作用。

大自然可能是为了提高效率，“安排”了大脑两侧具有不同的功能。例如，所有需要使用和理解语言的复杂心理运作都发生在大脑的一侧，这显然要比分散在两侧效率更高。如果是分散在两侧，那么信息就不得不在两个半球之间来回传输，而这会降低信息加工的速度并使犯错率升高。

此外，大脑的某些部位必须对任务进行整体调控。如果大脑的两侧存在竞争，那么由此产生的冲突就会降低信息加工的效率。例如，某些形式的阅读障碍和口吃就与这种情形有关：语言中心是双侧分布的——同时位于两个半球。两个半球之间的竞争导致了各种形式的语言理解和表达障碍。

新的实验证据表明，双侧语言加工同样也是心理变态者的特征。这使我不禁猜测，心理变态者之所以说话自相矛盾，部分原因就在于缺乏“一个有效的权威”——两个半球都试图表现自己，其结果就是语言前后不一、含义模糊不清。

当然，其他双侧语言加工者——一些口吃者、阅读障碍症患者以及左撇子——并没有像心理变态者那样信口雌黄、自相矛盾。显而易见，一定还有其他原因。

言之无物

大多数与心理变态者有过深交的人都会凭直觉感觉到他们与众不同。“他总是对我说他多么爱我，最初我相信了他，即使我发现他与我姐姐调情，”我们的一名心理变态被试的妻子这样说。她和她丈夫两人感情不和。“很长时间以后我才意识到，他根本就不在乎我。他每次打完我以后都会说，‘我真的很抱歉，亲爱的。你知道我爱你’，就像在背台词！”

治疗师们对此毫不惊讶，他们早就意识到了，心理变态者似乎知道词语的字面意思，但无法理解或欣赏其情绪价值或意义。看看以下这些内容，它们摘自治疗师对心理变态者的临床治疗记录：

- “他知道词语的字面意思，但不知道其内涵。”
- “在情绪意义上，他无法明白相互分享与相互理解的意义；他只知道词语的字面意思。”
- “他能够非常娴熟地使用语言，但它们对他而言并不意味着什么，只是毫无实质内容的形式而已……他那似乎良好的判断能力和社交感觉只停留在词语的表面。”

这些临床观察直指心理变态者神秘面纱背后的核心：他们的语言是二维的，缺乏情绪深度。

打个简单的比喻就能让人一目了然。心理变态者就像色盲患者，他们看到的世界都是灰色的，却学会了如何在五彩缤纷的世界中生活。他知道了示意“停”的信号灯位于交通指示灯的最上端。当心理变态者告诉你说，他看到红灯就停了下来，他的真正意思是他看到顶端的灯亮了就停了下来。他无法对各种事物的颜色发表议论，但是可能学会了各种方法以弥补这一不足，在某些情况下，甚至那些很熟悉他的人都不知道他无法看到颜色。

就如同色盲患者一样，心理变态者缺乏重要的经验因素——在这里是指情绪经验——但是已经学会了他人所使用的语言，来描述或模拟他们实际上并不能真正理解的那些经验。正如克莱克利所言：“他们可以学会如何使用一般词语……并且还可以学会恰当地表演出所有的情感哑剧……但是并未体会到情感本身。”

近来的实验室研究为这些临床观察提供了令人信服的证据。该研究的基础是，有证据表明对于正常人，中性词汇所传递的信息要少于带有情绪色彩的词汇，例如死亡一词除了字面含义，还具有情绪含义和令人不愉快的内涵。情绪性词汇比其他词汇更具有“冲击力”。

设想你正坐在一台电脑前，一组组字母在屏幕上闪现几分之一秒。你的头皮上贴着记录大脑反应的电极，它们连接着一台脑电图扫描仪，它会画出脑电活动的图形。在屏幕上一闪而过的字母组中，有些是从词典中找到的单词；有些并不组成单词，只是毫无意义的音节。例如，“TREE”组成了一个单词，而“RETE”则不是。你的任务是，一旦辨认出屏幕上的字母组是真正的单词，那么就尽快按下一个键。电脑会计算出你作出判断的时间；它还会分析在完成任务的过程中你大脑的反应。

比起中性词汇，你可能会对情绪性词汇作出更快的判断。例如，你——以及其他大多数人——在看到“死亡”一词时会比看到“纸张”一词更快地按键。词语的情绪内涵似乎给决策过程附加了一个“发光两极管”。与此同时，比起中性词汇，情绪性词汇激活了更大范围的脑反应，它反映了情绪性词汇包含着相对更大的信息量。

当女性访谈者请一名变态杀人犯解释自己的犯罪动机时，他反而开始绘声绘色地讲起了自己犯下的几起谋杀案，这些谋杀极其残忍，他也因此锒铛入狱。他的叙述生动形象却丝毫不带情感，就仿佛他正在描述一场篮球赛。最初访谈者试图不进行任何评价，仅对其描述表现出职业上的兴趣。然而，她的神情最终出卖了她的厌恶之情，他的话说了一半停了下来，说道：“是的，我想这实在是很糟糕。我真的觉得很恶心。我当时一定是失去理智了。”

与多数人一样，有时心理变态者的言谈举止仅仅是为了表达自己的震惊之情。然而，由于他们缺乏情感生活，因此他们无法凭借直觉意识到自己的言语对他人所产生的影响。他们可以利用对方的反应作为“提示卡”来提醒自己对方期待自己在该情景下的感受如何。

当我们让服刑人员完成这一任务时，非心理变态者表现出了正常的反应模式——比起中性词语，对情绪性词语的决定作得更快，出现了更大范围的脑激活——但是心理变态者却并非如此：他们对情绪性词语的反应就如同中性词语一样。这一重要发现为以下论点提供了有力的支持：对于心理变态者而言，词语不具有其他人眼中所看到的相同的情绪或感情色彩。我们随后进行的一些研究为该观点提供了进一步的支持，它们更加明确地表明，无论出于什么原因，心理变态者缺乏语言的一些"可感觉到的"成分。

发现这一缺陷具有深远意义，特别是考虑到心理变态者的社会交互作用——不受同理心或良心抑制的操纵、欺骗行为。对于大多数人而言，语言能够激发强烈的情绪体验。例如，"癌症"一词不仅激发了对一种疾病及其症状的临床描述，而且随之还会产生一种恐惧、理解或关注的情感，或许还会浮现出一些身患癌症后会如何地令人不安的想象。但是对于心理变态者来说，词语仅仅就是词语。

脑成像技术使我们能够获得关于心理变态者的情绪生活的一些振奋人心的新洞察。在精神病学家乔安妮·英翠特主持下，我们在纽约的西奈山与布朗克斯区医学中心进行了一项合作研究计划，近来我们开始制作心理变态者与正常人在完成各种任务时的大脑成像图。在先前的一项研究中（已经在生物精神病学学会年会和1993年5月在洛杉矶举行的美国精神病学会年会上做了报告），我们初步发现在加工情绪性词语时，心理变态者使用的大脑区域可能与正常人不同。如果这些研究结果可以得到重复验证，并且扩展到其他形式的情绪信息，那么它们可能表明，不仅是加工情绪材料时所使用的策略，而且在大脑加工的组织方式上，心理变态者都不同于其他人。无论是哪种情况，我们都将向揭开心理变态者的面纱迈进一大步。

在一本书中，戴安娜 · 唐斯解释了自己为何要枪杀3名亲生骨肉，她把自己与十几个男人之间的关系描述为毫无爱情可言，仅仅只是通过性来维持。在写给邮递员罗伯特 · 贝塔路西尼（“贝塔”）的信中，她写道自己“发誓永远爱他，永无止境地奉献，而且发誓我不会对世界上其他任何人这样。这是我与男人间的游戏。而我对贝塔投入得最深”。在枪杀了亲生骨肉之后，她又与贾森 · 雷丁发生了一段风流韵事，并写道，“但是贝塔已经成为过去，而现在我爱的人是贾森。不错，我曾写信给贝塔，告诉他我有多么爱他，他是世界上我唯一爱的人……他开始拒绝这些信件后，我就把它们写在笔记本上，每天晚上都要写一点，大多都是一两段话，最多一页。内容都差不多，只不过用词不同：‘我爱你，贝塔，你为什么不在这里，我需要你，你是我唯一的男人。’……我坐进满是热水和泡沫的浴缸中，调了一杯酒，写下对贝塔空洞的爱慕之辞……我思念着贝塔……几分钟之后贾森敲响了大门，当我飞下楼梯去迎接他时，我对贝塔的思念也随之飞走了”。对戴安娜而言，“空洞的爱慕之辞”让她备感骄傲，仿佛是为了某一特定目的而刻意使用它们。然而，与所有心理变态者一样，除了空洞无物，她的爱慕之辞毫无意义，因为她无法向他人传达自己真实的感受。

此前我曾经讨论过“内部语言”在良心的发展与运作中的作用。它是受情绪控制的思维、表象和内部对话，它对良心“猛咬一口”，解释了它为什么会强有力地控制行为，并且在我们做出违法行为时会心生内疚和悔恨之情。这是心理变态者无法理解的东西。对他们而言，良心只不过是对他人所制定的规则的一种理性觉知。他们缺乏遵守这些规则所需要的那些情感。问题在于，为什么会这样呢?

加拿大最臭名昭著、千夫所指的罪犯是克利福德·奥尔森，他是一名连环杀人犯，折磨杀害了11名男孩和女孩，于1982年1月被判终身监禁。这些是他一系列反社会和犯罪行为中最新犯下的、最卑鄙无耻的行径，而它们可以一直追溯到他的童年早期。尽管一些心理变态者的暴力性并不强，并且很少有人像他这样残忍，但是奥尔森是典型的心理变态者。

看看以下这些话，它们引自在他受审期间发表的一篇新闻报道：“他是个自吹自擂、欺凌弱小、谎话连篇、偷鸡摸狗之徒。他非常具有暴力性，为了鸡毛蒜皮的小事就会暴跳如雷。但是当他试图给人留下好印象时，他同样也会表现得魅力十足、花言巧语……奥尔森说起话来滔滔不绝……他实在是太能说了，他有口若悬河的天赋……他总是在撒弥天大谎……这个男人是个不折不扣的骗子……他总是想测试你的极限。他想看看你过了多久才会实在受不了了……他是个操纵者……奥尔森是个大嘴巴……过了一会儿我们就知道了，不要相信他所说的任何事，因为他撒的谎实在是太多了。”（法罗，1982）一名曾与奥尔森交谈过的记者说："他说话很快，滔滔不绝……他从一个话题跳到另一个话题。他听上去能说会道，世故老练，就像一个骗子，试图证明自己多么有本事，多么重要。”（奥斯顿，1982）

这些认识他的人所说的话非常重要，因为它们提供了线索，让我们知道为什么他能够说服那些年轻的受害者们相信他，跟他走。它们同样还有助于解释为什么英联邦决定付给他100 000美元，让他说出7名受害者的尸体藏在何处。当然，在得知这笔支出后民怨沸腾。一些典型的新闻标题是："杀人犯指出藏尸地点获得酬金”“向残害儿童的人支付藏尸费遭到众人鄙视”。

自从入狱后，多年以来奥尔森持续不断给受害者的家属写信，对谋杀他们的孩子进行评论，从而一直给他们带来悲痛。他从未对自己造成的伤害表现出一丁点的内疚或悔恨之情；相反，他不断抱怨新闻界、监狱系统和社会对自己不公平。在审判过程中，只要有人拍照，他都会把自己收拾整理一番并摆出姿势，他似乎认为自己是举足轻重的一介名流，而非犯下一系列暴行的罪犯。1982年1月15日，《温哥华太阳报》报道说："连环杀人犯克利福德·奥尔森给太阳报的新闻组写了一封信，说他并不满意我们采用的那张照片……很快就会寄给我们他自己刚照的、更风度翩翩的照片。”（摘自R.奥斯顿于1982年1月15日，以及M.法罗于1982年1月14日在《温哥华太阳报》上撰写的文章。）

在撰写本书时，奥尔森已经给加拿大的一些司法部门写了信，希望能帮助他们成立一个项目，对自己进行研究。

贫瘠情绪之下

如果心理变态者的语言是双侧的——同时受大脑两边的控制——那么那些通常受一侧半球控制的大脑加工过程可能同样也是双侧控制的。实际上，尽管对于多数人而言，大脑右半球在情绪上起到了核心作用，但是近来有实验证据表明，心理变态者的两个大脑半球都不擅长进行情绪加工。为什么会这样还是一个未解之谜。然而一个有趣的推测是，控制心理变态者情绪的大脑加工过程是分裂的，没有聚焦，这导致了他们空洞肤浅的、毫无情绪色彩的生活。

如果有人说泰德·邦迪是一个头脑空空的情绪机器人，他可能会愤慨不已。“老天，他说得太离谱了！”邦迪说道，“如果他们认为我没有情感生活，那他们就错了。大错特错。我的情感生活很真实，也很充实。”尽管如此，他的其余言论和对自己谋杀行为苍白无力的解释已经明白无误地表明，这种描述十分准确。与所有心理变态者一样，邦迪对自己的情感贫乏到何种程度的认识非常模糊。

许多人都被流行心理学所吸引，它们强调了对认识自我的探索——“触摸你的真实感受”。对于心理变态者而言，这种探索——就如同探寻圣杯——注定会徒劳无功。在最后的分析中，他们的自我形象更多是被界定为财富及其他成功和权力的有形标志，而不是爱、洞见和怜悯，这些对他们来说太虚无缥缈了，没有多少内在意义。

观察他们的手

某人在与你交谈时，观察他的手：它们是偶尔动一下还是不停地到处挥来挥去呢？手的姿势会有助于你理解他所说的话吗？一些手部动作的确如此，因为它们在直观上强调了说话者的语言——例如，在说“那条鱼真大”时把两只手分得很开，或者在描述一个人时用手比画出形态。

然而，大多数与语言相关的手势并没有向听者传递出多少信息或意义。“空洞的”手势称为轻拍，它们是微小快速的手部运动，只会发生在言语中或言语的短暂停顿中，不是“故事主线”的一部分。与其他姿势和身体动作一样，它们通常是说话者“表演”的一部分（我会在随后章节中对此进行深入探讨），或者反映了以文化为基础的交流风格。但是做出轻拍动作也可能是出于其他原因。例如，许多人会在打电话时做出这些手势。听者无法看到这些手势，那么说话者为什么会做出这些手势呢？

答案可能与以下事实有关：控制言语的大脑中心同样还控制

着说话时做出的手势。以某种我们尚不清楚的方式——或许通过提高这些中心的整体活动性——轻拍似乎促进了言语：它们有助于我们将思维和情感诉诸语言。如果这听上去有点奇怪，那么就看看某人下次无法找到恰当语言表达时抓狂的手势。或者，在你说话时注意控制你的手不要有所动作，这时在你的说话中是不是会出现更多的犹豫、停顿和结巴呢？如果你会说两种语言，那么比起使用母语，你在使用第二种语言时很可能会出现更多的轻拍动作。在有些情况下，轻拍姿势出现的频率很高似乎反映出，在将思想和情感转换成语言上遇到了困难。

轻拍同样还告诉了我们隐藏在言语之下的“思维单元”或心理程序包的大小。一个思维单元可以大不相同，从小的、简单的、独立的——一个简单的想法或单词、一个短语、一句话——到更大的、更复杂的——各种想法、句子或完整的故事。组成较大思维单元的各种想法、词汇、短语和句子可能整合得较好，它们以某种有意义的、一致的或逻辑性的方式联系在一起，组成了一个脚本。轻拍似乎给这些思维单元进行着“注释”：轻拍的次数越多，单元就越小。

近来的证据表明，心理变态者比正常人使用的轻拍更多，尤其当他们谈到一般认为具有情绪性的东西时——例如，描述他们对家庭成员或者其他“所爱的人”的感情时。根据这一证据，我们可以推断出两点：

- 如同一名游客使用高中水平的法语去问路一样，心理变态者难以将带有情绪色彩的想法诉诸语言，因为他们的感受是空洞贫乏的。在这一意义上，对于心理变态者而言，情绪就像第二种语言。

- 心理变态者的思维和想法被组织成相当小的心理程序包，随时会被替代。撒谎的时候，这就成了一种明显的优势。正如心理学家保罗·埃克曼指出的那样，经验老到的撒谎者可以将想法、概念和语言拆分为基本的组成部分，然后再以各种方式将它们重新组合起来，他们几乎就像在玩拼字游戏。但是在这一过程中，心理变态者可能会破坏其整个脚本；如果他在处理较大的思维单元，那么它就可能会失去完整的结构或者变得不那么连贯和统一。正是出于这一原因，撒谎高手常常会使用一种简单的"真相框架"，它有助于大致记住自己所说过的话，并且确保自己的故事听上去连贯一致。"最高明的撒谎者会将谎言与真相编织在一起。"

支离破碎的真相

尽管心理变态者谎话连篇，但是他们却并非是我们想象中的撒谎高手。正如我先前讨论的那样，他们所说的话漏洞百出，到处自相矛盾。心理变态者可能会玩心理上的拼图游戏，但是他们有时候玩得很糟糕，因为他们无法将各个片段整合成一个连贯的整体；他们的真相框架支离破碎，是胡乱拼凑在一起的。

想想先前引用的一名服刑人员的话，他说自己从未有过暴力行为，但是曾经被迫杀过人。我们认为这句话自相矛盾，因为它是一个单独的思维单元。然而，这名囚犯可能处理的是两个独立的思维单元："我从未有过暴力犯罪行为"，此外，"我曾经杀过人"。我们多数人能够把各种想法综合起来，使它们在某种隐含的问题上保持一致，但是心理变态者似乎难以做到这一点。这有助于解释在他们的言语中为何会经常出现以下特点，即极其不连贯、自相矛盾。他们对词语的歪曲理解（对单词的基本组成部分以新的方式重新进行组合，这些组合方式在他们看来似乎合情合理，但在其他人眼里却非常怪异）也可以归结到这一点。

这种情景就类似于在电影中，上一幕是阴云密布——观众预期随后几分钟里同样也会如此——但下一幕却是阳光灿烂。显然这些场景发生在不同的日子，导演在剪辑时却没有考虑到这个。一些观众——就像有些心理变态者一样——可能没有注意到这种不协调，尤其当他们全身心地投入到电影中时。

心理变态者的语言运用方式中，另一个问题就是：他们的"心理程序包"不仅不大而且还是二维的，缺乏情绪意义。对于多数人而言，对词语的使用取决于书面意思及其情绪含义。但是心理变态者不需要进行这种选择。他们的词语选择不受情绪性的束缚，能够以那些在我们看上去很奇怪的方式进行使用。

例如，一名心理变态者刚暴打了一个女人，然后对她说"我爱你"或者对其他人说"我必须把她揍一顿，这样她才会听话，但是她知道我爱她"。他不会觉得这样说有任何不妥之处。对于大多数人而言，这两件事（声称爱她和殴打她）在逻辑、感情上是相互矛盾的。

下面我们来看看一个男人，他在“心理变态核查表”上的得分很高，因诈骗和盗窃而服刑3年，他哄骗自己寡居的母亲用房子抵押了25 000美元，然后偷了这些钱。最后她母亲用做售货员的微薄收入来偿还这笔债务。他的话令人备感怪异：“我的母亲是个伟大的人，但是我很为她担心。她的工作太辛苦了。我真的很关心她，我打算让她过得轻松点。”当被问及他从她那儿偷走的那笔钱时，他回答说：“我已经把一部分钱藏起来了，我出去以后就可以好好享受一下了！”他口口声声说自己关心母亲，但是根据档案记录，他对她的所作所为，还有他的花钱计划都表明根本不是这么一回事儿。在明确向他指出这一点后，他说：“嗯，是的，我爱我的母亲，但是她太老了，如果我不照顾好自己，谁来照顾我呢？”

我刚才说到哪儿了？

现在看来，心理变态者的沟通交流有时候略微有些奇怪，有一种“脱离轨道”的倾向。换言之，他们频繁地变换话题，说话跑题，无法以一种简单明确的方式将短语与句子连接起来。故事的轮廓虽然有些不连贯，但是在日常谈话中还可以接受。例如，女性访谈者请我们的一名男性心理变态者描述一件引发强烈情绪反应的事件，他的回答如下：

嗯，这可不大容易。说起来太多了。我记得有一次——呃——我闯了红灯，街上没有车子，是吧？所以这有什么大不了的呢？警察无缘无故地开始和我争论起来，他真的把我惹毛了。我并没有真的闯红灯。可能当时还是黄灯……所以他——呃——到底要干吗呢？警察的问题就在于他们——呃——大多数都手握权力。他们太霸道了，是吧？我这个人并不霸道。我是一个很有爱心的人。你认为呢？我是说，如果我不是在坐牢……比方说我们在晚会上相遇了——呃——我约你出去，我打赌你会答应，是吧？

在陈述的过程中，伴随着大量的手部动作和夸张的面部表情——这种戏剧性的表现使我们的访谈者无法看清当时的情形。尽管如此，访谈录像清晰地向每个人表明——包括我们尴尬不已的访谈者——这个男人不仅跑题了，而且引诱她陷入了调情的圈套中。

令心理变态者臭名昭著的是，他们对于提出的问题要么避而不答，要么环顾左右而言他。例如，在我们的研究中，当一名心理变态者被问及情绪的上下起伏是否较大时，他回答说："呃——上下起伏？——嗯，你知道——有些人说他们总是感到神经紧张，而有时候却似乎又相当平静。我想他们的情绪上下起伏比较大。我记得有一次——呃——我的心情很沮丧——我的好朋友来了，我们就看电视节目——呃——我们打了一个赌，他赢了——我的感觉真是糟透了。"

听者有时候还会无法理解心理变态者说的某些话。"我在酒吧遇到了这些家伙。一个家伙是商人，另一个是拉皮条的。他们开始和我争吵起来，我就把他打了出去。”我们的一名心理变态者说。但是被“打出去”的是商人还是皮条客呢?

当然，在正常人的沟通交流中，出现细小的中断也很司空见惯。在许多情况下，它们只不过代表了粗心大意或者偶尔的心不在焉。但是在心理变态者的谈话中，中断出现的频率更多、程度更加严重，它可能显示出，心理活动的组织——而并非其内容——赖以进行的一种内在条件存在缺陷。出现异常的是他们将词汇和句子连接起来的方式，而不是他们实际上所说的内容。相比较而言，精神分裂症患者的言语方式以及内容都非常奇特怪异。例如，我们的一名男性心理变态受访者后来被诊断为精神分裂症患者，当被问及“你的情绪上下起伏较大吗”，他的回答如下：

我不过是一个——相信——呃——生命是如此短暂，我们活在这个世界上的日子也不长，所以——所以我们都会在某个时刻死去，所以——呃——你——我们死后会去一个全新的世界，而我们在这个世界的所有问题都会得到解决，然后我们又会有一系列新的问题，还有各种前所未有的快乐——不管它们是什么——呃——我无法理解这种东西。

这种回答不仅在方式与内容上都很怪异，并且让人无法理解。心理变态者对相同问题的回答，正如上文所引，尽管文不对题并且怪异，但是我们可以把它解释为一种刻意回避或者能说会道的表现。比起精神病患者的回答，从心理变态者的回答中我们更容易推断出某种意思。

众所周知，心理变态者常常会在需要的时候惟妙惟肖地诈病——伪装成精神病患者。例如，一名我前文提到过的心理变态者成功地转入了精神病房——然后又出来了——他在一个被广为使用的心理测验中伪装了自己对问题的回答。

几年以前，一部有关心理变态连环杀人犯的好莱坞特色电影聘请我去做顾问。制片方非常重视准确性，已经尽其所能地对人物进行了深入的研究。但是有一天，剧作家近乎绝望地给我打了个电话。“我怎样才能使笔下的人物更吸引人呢？”他问道，“我试图钻进他的脑子，试图以某种观众感兴趣的方式猜出他的动机、欲望和烦恼，但是我却一无所获。这些家伙（故事中的两名心理变态者）实在是太像了，在表面之下似乎没有多少有趣的东西。”

在某种意义上，这位剧作家一语中的：正如电影和故事中所刻画的那样，心理变态者的确具有两面性，他们没有深刻的情感，复杂而令人困惑的动机、冲突和心理困惑，这些东西会使普通大众变得有趣，让人与人之间变得不同。无一例外地，心理变态者被描述为如同一个模子里刻出来的，尽管人们花费了大量力气，想对他们的所作所为——在《沉默的羔羊》中，汉尼拔·莱克特那傲慢自大的博学多才令众人折服——进行逼真生动、符合逻辑的描述，但是对于他们为何犯罪，我们仍然知之甚少。

在某种程度上，这些媒体的描述也许反映了现实。实际上，所有对心理变态者内心世界的窥探都一无所获。这些人所信奉的人生哲学通常陈腐平庸，并且完全缺乏那些使正常成人的生活变得丰富多彩的细节。

特里·甘尼撰写了一本有关查尔斯·哈彻的书，后者至少杀害了16个人，因为这让他感到很刺激，在书中作者特别有力地揭示了心理变态者是多么善于操纵经验丰富的精神病学家和心理学家。被指控谋杀一名6岁男孩后，他往返穿梭于法庭和司法精神病医院之间。法庭指定的心理学家认为哈彻没有能力接受审判，但是医院的精神病学家却认为他能够接受审判。于是他就这样不停地来来去去。经过了一系列似乎永无止境而又相互矛盾的精神病评估后，哈彻对这种游戏感到厌倦了，转而把自己的聪明才智运用到了战胜律师和法庭上。

尽管如此，本章所显示的证据表明，有时候治疗师无法评估心理变态者的神志是否清醒，其原因并不仅仅是因为后者高超的操纵技巧。如果在访谈过程中，心理变态者的话语前后矛盾、避而不答，或者前言不搭后语，那么在作出判断时即使是警觉的治疗师也会受到影响。例如，对约翰·韦恩·盖斯的审判中，精神病学家们就提出了相互矛盾的证词，他是芝加哥的一名商人和连环杀人犯，却会在患病儿童面前扮演成高跷小丑。原告方专家认为他是个神志清醒的心理变态者，而被告方专家却说他是个失去理智的疯子。一名心理学家说他是心理变态者或者具有性变态的反社会人格，并且在访谈中，盖斯的话里到处都是自相矛盾、避而不答、自圆其说之处和各种借口。一名精神病学家指出，盖斯就是个话痨。在交叉测试中，有人向这名精神病学家提出了一个问题："盖斯的口若悬河是否表明其言语并不缺乏关联性，而精神分裂症患者的特点之一就是言语缺乏关联性。'一方面盖斯先生说他杀死了某个人，而另一方面他又说自己没有，这不正是言语缺乏关联性的表现吗？'"这位精神病学家的回答是："我认为他是在撒谎。我想他之所以不记得自己以前说过的话，是因为他在撒谎。"陪审团驳回了盖斯的精神病请求，建议判处死刑。

盖斯的言语缺乏关联性、前后自相矛盾、谎话连篇，这些可能只不过反映出他心不在焉、不关心听者是否能明白，或者只是他故意迷惑听者的一种策略。然而，根据本章所显示的内容，它们同样还可能是由于他在心理事件的连贯性以及语言的自我调控方面存在缺陷，甚至是紊乱的：心理拼字游戏缺乏一个完整的脚本。

由此产生了一个重要问题：如果心理变态者的语言只是有时候听上去很怪异，那么他们为什么看上去如此值得信赖、能够如此轻而易举地将我们欺骗，玩弄于股掌之间呢？我们为什么无法发现他们所说的话前后不一呢？简明扼要的回答是，我们很难看透其正常人的面具：对于一般旁观者而言，他们言语中的怪异之处常常显得太微不足道了，因此很难被我们发现。并且他们都伪装得很好，不仅是他们所说的话，还有他们的表达方式以及他们在说话时按下的情绪按钮都欺骗了我们。

近来我在加利福尼亚大学进行了一次演讲，听众中有一名语言学家提出，在某些方面心理变态者就像技巧高超的故事讲述者。他们都运用了夸张的肢体语言和情节上的回转起伏，以此来吸引听者，“使他们身临其境”。对于许多听者而言，表演至少与故事同样重要。这名语言学家提出，就这种意义而言，心理变态者是不错的故事讲述者。即便如此，比起心理变态者使用的脚本，故事讲述者的脚本通常要更加连贯一致和富有逻辑性。此外，故事讲述者的目的是娱乐和教育，而心理变态者的目的则只有权力和自我满足。

这是否表明他们疯了呢？

自相矛盾，前后不一！情感贫乏！我敢肯定，此刻你会为一个纠缠不清的问题备感困惑：这些人的神志还清醒吗？我们是否又回到了以前关于“疯子与恶棍”的争论之中呢？

在佛罗里达州举办的一次精神病会议上，我对心理变态和语言的有关问题作了一个报告，报告结束后一名司法精神病学家走到我面前说：“你的研究隐含着心理变态者存在精神疾病的可能，就像我们以前认为的那样，也许他们不用对自己的行为负责。迄今为止，对许多杀人犯来说，心理变态诊断一直都是‘死亡之吻’。而现在对他们来说，它是不是变成了‘生命之吻’呢？”

真是一个有趣的问题。正如我先前所说，心理变态者的确符合当前法律和精神病学对神志清醒的判断标准。他们了解社会规范以及对错的一般含义。他们能够控制自己的行为，也知道自身行为的潜在后果。他们的问题在于，这些认识都无法阻止他们做出反社会行为。

尽管如此，一些观察者还是争辩说，心理变态者在一些心理与情绪机制上存在某种缺陷，而这些机制负责将他们对规范的认识转换为社会可以接受的行为。这些观察者继续争辩说，如果他们没有形成一种良知，无法体验到内疚和悔恨感，难以控制自己的行为及其对他人造成的影响，那么与我们其他人相比，他们当然非常明显地处于劣势。他们理解游戏的字面规则，却不知道情绪规则。这是对“道德非理性论”的新瓶装旧酒，它可能具有某种理论上的意义，但是与对犯罪责任的实际决策无关。在我看来，心理变态者当然再清楚不过地知道自己正在干什么，也应该为自己的行为负责。

第9章

网中之鱼

人们可以被诱惑吞下任何东西，只要它调和了足够的赞扬。

——莫里哀，《悭吝人》（1668），约翰·伍德

一个女人从车子里面走了出来，这时警察正站在她的身后。由于在乡村小道上车速超过限速，他把她拦了下来。

交通违规者走下车，通常是由于违反了交通规则——警察站立的姿势使他看起来显得十分高大威严。但是她显得十分自信，带着胜利者的微笑。她并不是很漂亮，但她直视的目光却十分具有吸引力。他请她拿出驾照，拒绝了此刻她想谈谈的企图。不过，最终他还是向她嘲笑般的神情屈服了，仅仅记了一次警告。“一个男孩上个月才在这条路上被撞死。”他说。然后，这名警察看着她启动车子扬长而去，她在后视镜中看到他站得笔直。

我们大多数人都接受了人类沟通的规范和法则。但是总有些人利用他们的外貌和魅力——天生就有的或刻意伪装的——来让他人听从自己的指挥。而每一次，“受害人”的需要和弱点都影

响了沟通交流的结果。大多数时候，其结果相对而言并无害处，它们是人们日常交流中的一部分。

但是如果其中有心理变态者时，就可能会对受害人造成灾难性的影响。心理变态者把任何的社会沟通都当作一次“捕猎”的机会、一次竞赛或者一次意志的较量，最终的胜利者只能有一个。他们的动机就是操纵与索取，他们冷酷无情、毫不内疚。

演出时间

正如我先前所述，虽然心理变态者口若悬河，但他们未必是遣词造句的专家。它主要是为了吸引我们的注意，是欺骗我们的一种“表演”，而不是娴熟地运用语言。漂亮的外表、非凡的魄力、口若悬河、故作幽默、熟知应该按下哪些情绪按钮——所有这些都很好地掩盖了一个事实，即心理变态者所呈现出来的一切都只不过是个“假象”。外表迷人、口若悬河的心理变态者和具有弱点的受害人组合在一起，其结果是毁灭性的。如果心理变态者的“表演”还不足以打动人的话，那么他们就会熟练地“搭建舞台”——伪造的信用、炫目的汽车、昂贵的服饰、值得同情的角色，诸如此类——以最终达到目的。

当然，并非只有心理变态者能够完成这种戏剧表演。我们都知道，通过夸张的语言和姿势以及各种骗局，有些人总是在“表演”、炫耀自己。毫无疑问，他们与他人之间的许多沟通交流都很肤浅虚假，其目的是想给他人留下良好的印象，支撑其可怜的自我形象，或者达到职业或政治目的。但是与心理变态者不同，他们的目的并不是简单地想要榨干他人。

社会运转的基础是信任，通常我们会更注意别人说了些什么，而不是那些伴随出现的非言语行为——手势、面部活动、微笑，以及目光接触。然而，如果说话者十分有吸引力，并且其非言语表现也给你留下了非常深刻的印象，那么这种影响就会翻转过来——我们会关注表演，而不太注意他说了些什么。

在大多数人眼中，一些骗子拿出的“证据”看上去很怪异，甚至愚蠢，但是他们从来都不缺乏狂热的信徒。56岁的埃德·洛佩兹6年来一直都扮演着浸礼会牧师的角色。洛佩兹宣称，自己曾经干过15年的黑手党杀手，期间处决了28个人。尽管如此，他告诉自己的信徒以及全华盛顿州的其他教众，说比利·格雷厄姆都曾经请教过他，还说350名监狱工作人员写请愿书给假释裁决团，希望让他获得自由。最近，洛佩兹毫不掩饰地承认自己是伊利诺伊州的假释高手，曾经勒死了第二任妻子，并把另一名女性殴打致死，还刺伤并闷死了一名女友。他的拥护者们对此反应如何呢？一些成员很沮丧，但其他人却以低得令人吃惊的5 000美元将其保释了出来，并且重新支持他。法庭很快再次考虑了这笔不高的保释费，并把他送回了监狱，等待程序将其遣返回伊利诺伊州。（摘自《联合报业》，1992年1月8日和10日）

再次重申，心理变态者通常会在说话时有效地运用肢体语言，听者的眼睛常常很难跟得上他们的动作。心理变态者同样也总是试图侵入我们的私人空间——例如，通过有力的目光接触、身体前倾、靠得更近，等等。总而言之，他们的表演非常具有戏剧性，或者令人胆战心惊，它可以有效地分散我们的注意力，控制或威吓我们，使我们无法注意到他们此刻正在说些什么。“我并没有注意到他在说什么，但是他说得非常动听。他的笑容是那么灿烂。”一位女士这样说，她曾经被一名我们研究过的心理变态者欺骗过。

我昔日的一名同事陷入了妻子的激情陷阱之中无法自拔，被她要得团团转，他确信她是心理变态者，他说，“她使我的生活陷入了地狱，但是我离不开她。她做的事情总是那么令人感到刺激，甚至可怕。她有时候会消失好几个星期，完全不解释自己到哪儿去了。我们花光了所有的钱——我全部的积蓄、房屋的抵押贷款。但是她让我觉得自己真正地活着。只要她在身边，我的脑子就会乱成一片。除了她，我无法清晰地思考其他任何事情”。令他痛苦的是，这场婚姻最终结束了，因为她勾搭上了另一个男人。“她甚至一句话都没有留下。”他告诉我说。

按　钮

如果你心里有任何弱点，那么心理变态者肯定就会找到并利用它们，给你留下的只有伤害和困惑。以下事例就说明了心理变态者所具有的一种不可思议的能力，即发现我们的弱点并且按下按钮，启动它们。

● 在某次访谈中，那名被访的心理变态者是个经验老到的骗子，他直截了当地说："我在工作时，第一件要干的事就是仔细打量你。我在寻找一种角度、一条缝隙，猜测出你想要什么，并给你。然后就是该付出回报的时候了，带着'利息'。我会加大力度。"

● 威廉·布拉德菲尔德，我先前曾描述过的那个心理变态的教师，他说："我从来不跟踪那些魅力四射的女人……我能够嗅出不安和孤独，就像苍蝇闻到臭肉一样。"

● 在电影《海角惊魂》中，礼堂里发生了令人惊恐的一幕，由罗伯特·德尼罗扮演的一名心理变态者对一个15岁的女孩使用了催眠术，利用她被唤醒的性欲而诱奸了她。

冷酷无情地利用他人的孤独是心理变态者的一个典型标志。我们的一名被试过去就常常在单身酒吧里寻找那些痛苦悲伤的女人。接近其中一个女人后，他就会说服她说她需要一辆车，然后把他的车以400美元的价格卖给她。在所有权的交割还没有正式完成之前，他就会迅速地溜之大吉——当然，还开走了那辆车。而她因为感到太尴尬丢脸了，所以没有提出控告。

有些心理变态者，尤其是那些锒铛入狱者，一开始是通过"孤独之心"专栏与受害人取得联系。他们在书信交流之后往往就会见面，但不可避免的是，最终会导致受害人的梦幻破灭，让其身心备感痛苦。几年以前，我曾经有一个喜欢暹罗猫的学生，在"孤独之心"专栏上做了个广告，好几封回复都是来自监狱里的犯人，其中有一名心理变态者以前还曾经接受过她的访谈，当时是作为我们有关心理变态者研究的一部分。他的来信辞藻华丽，充满了甜言蜜语，随处可见温暖落日、雨中漫步、浪漫爱情、美丽而神秘的暹罗猫，诸如此类，然而所有这些都与其犯罪记录显得那么格格不入，后者显示他对男人和女人都曾经实施过性暴力。

● 我们都需要寻找自身生活的意义，而心理变态者会毫不犹豫地利用这一点，来捕捉人们的迷惘、脆弱和无助。我们的被试之一曾经仔细研究过报纸上的讣告，寻找那些刚刚丧偶或者没有任何亲人的老人。有一次，他伪装成"悲伤咨询师"，劝说一名70岁的寡妇将财产代理权授予自己。他的阴谋最终败露了，仅仅是由于一位警觉的牧师开始心生怀疑，阻止了他的骗局，随后发现他是一个刚获假释的诈骗犯。"她很孤独，我只是想给她的生活带来一些快乐。"我们的被试说。

● 心理变态者能够抓住大多数人都会有的"感情烦恼"和自我怀疑，并使这些为己所用。在《沉默的羔羊》一书中（第20—22页），托马斯·哈里斯描写了引人深思的一幕，其中汉尼拔·莱克特博士——"一个彻头彻尾的社会心理变态者"——想方设法快速而熟练地测试出并利用了联邦调查局特工史达琳的弱点：她害怕自己"碌碌无为"。

特工史达琳在对付心理变态者方面是一个新手，但是甚至那些经验丰富的专家也会有可以被人利用的弱点。事实上，任何精神病学家、社会工作者、护士，或者心理学家，只要他在精神病医院或者监狱里曾经工作过一段时间，就知道曾有一名职员的生活被心理变态的患者或囚犯弄得翻天覆地。有一次，一名颇具职业声望——而且社交生活也很简单——的心理学家和自己的一名心理变态患者私奔了。两周以后，那个心理变态患者花光了心理学家所有银行账户上的钱，并且最大限度地透支了她的信用卡，然后就把她给甩了。她的事业全毁了，而她的爱情美梦也破碎了，她告诉一名访谈者说，她的生活曾经是那么空虚乏味，而她只不过是被对方的巧言奉承和山盟海誓所蒙骗。

● 心理变态者具有一种不可思议的能力，他们能够找出并且利用那些“充满母性”的女性——也就是说，那些强烈希望帮助或照顾他人的女性。这种女性许多都从事助人职业——护理、社会工作、咨询——并且总是寻找他人身上的优点而忽视或最小化其缺点：“他有麻烦了，但是我可以帮助他”，或者“他像个孩子一样孤独无助，他最需要的就是有人拥抱他”。这些女性常常会过于相信自己能够帮助别人，在情感、身体和钱财上压榨她们实在是最好不过的选择了。

我最喜欢的奇闻轶事之一是关于一名心理变态的囚犯——一枚“寻求母爱的导弹”——他因为不断地吸引女性访客而在当地声名鹊起。他有一长串暴力侵犯男女性的犯罪记录，并且他长得也不太好看，说话也并不很风趣。但是对于一些女性而言，其中包括职业女性，他却似乎拥有一种天使般的魅力。一位女士评论说，她“总是情不自禁地想去拥抱他”。另一位女士则说“他需要母爱”。

致命的吸引力

常常让我感到困惑的是为什么许多人会被罪犯深深吸引。我猜测在很多情况下，通过那些自愿闯入法律禁区者的行为，我们间接地实现了自己的幻想。对于那些由于饱受压抑而无法将自己的“邪恶”幻想付诸行动的人们，这些“获得了解放的”灵魂经常会变成民族英雄或者角色榜样。当然，大多数人一般会以挑剔的眼光来看待他们选择的民族英雄。比起逃犯，恋童癖者、鸡鸣狗盗之徒、神志不清的囚犯不太可能充当这种角色，电影《雌雄大盗》和《末路狂花》就刻画了这种逃犯。

在审讯一个臭名昭著的杀人犯的过程中以及审讯结束之后，也许我们可以看到这种致命吸引力导致的极其怪异现象：大群法庭追星族、笔友、热情的支持者和爱慕者的出现。对于这些“亡命之徒”来说，最具有强大吸引力的就是成为心理变态的连环杀人犯，犯下与性有关的种种恐怖罪行。泰德·邦迪、肯尼思·比安基、约翰·盖斯和理查德·拉米雷斯，他们都只是其中的一些例子，这些人都有着各自引人入胜的传奇故事。在这种情况下，臭名昭著与扬名立万已经混为一谈，甚至连最残忍的罪犯也会成为名人。如今，连环杀人犯已经出现在了喜剧书、桌面游戏，还有游戏卡片上，而以前游戏卡片上只有一些体育明星。

理查德·拉米雷斯以“魔鬼的崇拜者”“黑夜幽灵”而著称，在一本与他有关的书中，作者描述了一名年轻的受害人，她一直听完了审讯前的庭审会，并给拉米雷斯寄去了自己的求爱信和照片。“我非常同情他。当我看着他的时候，我看到了一个真正英俊的男人，他只不过是把自己的生活弄得一团糟，那是因为从来没有人去引导他。”据报道她曾经这样说。

丹尼尔·金格拉斯是一名心理变态的杀人犯，由于谋杀和性侵犯而在加拿大被判终身监禁，他说服了监狱管理人员，得到了一天的假释。他逃脱了监管并且在被捕之前又杀死了两个人。加利福尼亚的一位女士看到了他的故事后，开始与他通信，并声称自己愿意嫁给他。“我看到了他的照片，我很同情他。”她说。

对于大多数人来说，我们很难理解，有些人为什么能够忽视那些杀人犯的残暴罪行，并对他们心生崇拜。然而，有一点显而易见，即那些狂热的崇拜者们通常在心理上饱受感情问题的困扰。有些人是出于追求一种浪漫的、无私的爱情，有些人是因为这样他们可以声名狼藉，获得快感，或者是可以体验到危险，还有些人是因为看到了值得为之斗争的某种东西，比如废除死刑、拯救灵魂，或者他们坚信犯罪是儿童时期身心遭受虐待的必然结果。

并非只有声名狼藉的男性暴力犯才会吸引如此狂热的追随者，劳伦西娅·巴姆比尼克的冒险故事就说明了这一点。媒体给她的绰号是“小鹿斑比”，她曾经是《花花公子》上的兔女郎，在密尔沃基被指控谋杀了丈夫的前妻。在她服刑期间，成百上千的人在格兰酒店的舞厅为她举办生日聚会。她从监狱里逃出来以后，三百多人举行了集会表示庆祝，他们挥动的标语上写着“快跑，小鹿斑比，快跑”。她逃到了加拿大，很快就在那儿再次被捕。美国政府的引渡要求导致一系列冗长的听证、延期，以及公众对她表示支持的呼声，她宣称自己是男性主导体制下的无辜受害者，而公众接受并且进一步强调了这种观点。加拿大政府经过考虑，拒绝了她作为政治难民的请求，随后她被遣返回美国。

尽管她获得了一种宗教般的地位，并且她还是许多杂志文章、电视节目和几本引起共鸣的书籍中（其中一本是她自己写的）的主角，但是密尔沃基当局仍然坚持认为，她实际上是一个冷血无情的杀人凶手，一个狡猾的蛇蝎美人。无论是罪有应得还是清白无辜，媒体在报道她的案件时，把她当作一个如何“充分利用手中一切”的生动事例，同时也认为她说明了我们的社会是多么容易被迷人而美丽的外表所迷惑。最近，先前对她的判决被推翻了，并且进行了重新审判。她对这次较轻的判决“毫无异议”，而且她在狱中已经服过这次判决的刑期，因此随后获释了。后来她成了一个著名脱口秀节目的嘉宾。

比起艾米·费舍尔的一夜成名，巴姆比尼克的成名之路显得痛苦而漫长。为《长岛洛丽塔》配音之后，费舍尔被指控枪击男友妻子的头部，因此迅速成为媒体的焦点，并且成为三部电视电影的主角，其中两部在同一晚上播出。一名“职业”罪犯参加了我们的一项研究，他心怀不满地评论说：“她算什么。她想除掉男友的妻子，又假意挽救这份工作。可现在她却是个大明星。”

大多数情况下，阿谀奉承一下那些已被定罪的、臭名昭著的罪犯并没有多大坏处。那些罪犯几乎得不到帮助，而且狂热的信徒们也并没有真正身处险境之中，至少只要他们的偶像还待在监狱里。与其说他们是被心理变态者玩弄于股掌之间的受害者，倒不如说他们是在心甘情愿地参加一场死亡舞会。

扭曲的现实

撇开这种对人性黑暗面替代性的——一般也比较安全的——体验，令人悲哀的事实是，心理变态者的自我满足需要常常会轻而易举地就得到满足，因为有些人十分乐意扮演受害者的角色。有些情况下，个体只不过是拒绝相信自己其实是被利用了。例如，我们的一名女心理变态者的丈夫从朋友们那儿得知，妻子在欺骗自己，但是他却强烈地否认这一事实。甚至当她与另一个男人私奔以后，他还是坚定不移地相信她的善良。心理否认是一种重要的防御机制，它能够把痛苦的记忆从我们的意识当中筛除掉，但是它同样也会使我们“当局者迷，旁观者清”。

有些人会对真相视而不见，因为他们想方设法去扭曲现实，使其符合他们心中认为应该的那样。我们有一名心理变态者，在前女友眼中，他的犯罪行为是一种男子气概和大丈夫所为。她看着他，用她的话来说，看到了幻想中近乎完美的男人，“极其敏锐……一名行动者和促进者……一个无所畏惧的男人”。不过当然，她对自己心目中完美男人的投射倒是非常符合他的自我形象。

对于在两性关系中严格遵循传统角色的女性，如果遇到了心理变态者，那么她的日子会异常艰辛。与此相反，如果心理变态者娶到的女性具有强烈的责任心，希望自己成为一个“好妻子”，那么他会过得无比舒服自在。家庭为他提供了温暖可靠的港湾，他可以肆无忌惮地执行自己的计划，永无休止地与其他女人保持短期联络。长期忍辱负重的妻子通常对发生的一切心知肚明，但是她们认为无论如何，自己必须维护家庭的完整，尤其是他们已经有了孩子的情况下。她们相信，如果自己作出更多努力，或者仅仅只要等到丈夫厌倦了，他们自然就会浪子回头。与此同时，她为自己设定的角色也会加强其内疚感，为夫妻之间的嫌隙而责备自己。当他忽视、虐待或者欺骗她时，她会对自己说："我还要做得更好，在这份感情中投入更多精力，要比其他女人都更加无微不至地照顾他。那时，他就会发现我对他来说是多么珍贵。他就会像女王那样对待我。"

1991年10月的《新女性》杂志刊登了一篇文章，标题为"新的上当受骗者"。如今步入职场的单身女性人数日渐增多，对于这一现象，奇奇·奥尔森发现了一个始料未及的副作用。"如果单身职业女性拥有——或者不管从哪儿都可以借到——2 000到20 000美元，并且正在寻觅爱情或财富，那么她自然而然就会成为骗子们的目标。"奥尔森引用了费城地检署经济犯罪科科长约瑟夫·D.凯西的话，报道中说："瞄准那些高收入的单身职业女性，经验老到的男骗子会在她们常去的地方——单身酒吧、健康俱乐部和社交俱乐部——进行捕猎。单身女性聚集在那儿，她们寻找的不仅仅是鸡尾酒、健身训练或者跳舞……骗子会看穿她们。他能够发现她们的弱点。他们就是干这一行的。"

一旦骗子们在人群中瞄准了自己即将捕猎的女性，希望从她那里骗取钱财、服饰、住所、汽车和银行存款，那么他们就会让自己看上去与一般的求爱者毫无两样。不仅如此，凯西说："他们长相英俊、风度翩翩、花言巧语、自以为是、善于操控，这一点是肯定不会错的，另外毫无疑问，他们也相当讨人喜欢。"

司法心理学家J.里德·梅洛伊向我描述过这样一个案例：一名白领心理变态者对自己的妻子拳打脚踢，使她身受重伤。后来，她给梅洛伊看了一份杂志，她在其中写道："他需要这种特殊照顾。我没有尽到一个妻子的本分，但是我会的，我会的，我会把这种愤怒之情转化为某种好的东西。"这名女士对那个男人忠诚耿耿，并且一心一意想成为忠贞、"名副其实"的妻子，这种想法扭曲了她对现实的感受，使她彻底丧失了自信。不用说，现实就是她注定一生都会在失望和虐待中度过。

不幸的是，这种情况可能会出现在任何一名女性或男性身上，只要其自尊水平低、依赖感强、缺乏个人认同，却又与心理变态者关系密切。有些人在身体或心理上感到自卑，或者认为自己有责任维持一种关系，无论这种关系给他们带来了多大的伤害——心理变态者能够轻而易举地利用这些人。

我们有哪些机会？

看到这里，许多读者可能会坐立不安，因为面对闯入自己生活中的心理变态者，对于如何保护自己，他们几乎束手无策。然而，尽管心理变态者占据了大部分优势，但是我们仍然还是可以采取一些措施，最大限度地降低他们所造成的痛苦和破坏。（在最后一章，我讨论了各种应对技巧。）

第10章

问题的根源

“现在我已经很清楚了，所以你再撒谎是没有用的。”彭马克太太对女儿罗达说道：“你用鞋子打他的头，他额头和手上的月牙形伤疤就是这样来的。”

罗达慢慢地走开了，眼神中透露出一丝平静和迷惑。随后，她一屁股坐在沙发上，把脸埋到靠垫下，可怜地哭了起来，边哭边透过手指缝偷偷地瞄着她的妈妈。但是这些表演根本就打动不了人，彭马克太太带着一种新奇而平静的、饶有兴趣的目光回头看着自己的孩子，心想：“她现在的表演还不那么专业，但是她的演技每天都在进步。她正在不断完善自己的表演。过不了几年，她的行为举止就一点也不会矫揉造作了。我敢肯定，到那时她一定会令人信以为真。”

——威廉·马奇，《天生坏胚》

以上描述的情景选自一本畅销小说，它的主题令人难以置信并且“荒诞不经”：孩子是“天性本恶”的。这部小说讲述了小女孩罗达·彭马克的故事，当她杀死了一名同班同学之后，其真实本性表露无遗：

在这个孩子身上总有些不对劲儿的地方，但是她的父母却忽视了她的种种怪癖，期望她以后会变得和其他孩子一样，尽管她并未如此。随后，当她6岁时，他们住在巴尔的摩，他们把她送进了一所广为称颂的模范学校，但是一年以后，学校校长要求把这个孩子转走。彭马克太太询问缘由，校长的眼睛注视着来客灰白外套翻领上装饰性的金银海马，似乎所有的圆滑与耐心都早已经消磨殆尽了。她直截了当地说，罗达是一个冷酷无情、只顾自己、十分麻烦的孩子，她总是自行其是，而不遵照他人的准则生活。他们很快发现，她撒谎成性，很会骗人。在某些方面，她比普通小孩要成熟得多，但在其他方面，她很难会再有所改变……但是这些事情对于校方的决定产生的影响其实微不足道：这个孩子被开除的真正原因是，她已经成为一个普普通通，却相当熟练的小贼……她毫无内疚之心，也丝毫没有孩子应该有的焦虑；当然，她也缺乏爱的能力，只关心她自己。（第40—41页）

《天生坏胚》所讲述的故事其实是罗达的母亲克里斯蒂娜·彭马克的故事，而它是一个充满内疚自责的故事。克里斯蒂娜·彭马克强迫自己去看望显然正处于心理变态萌芽期的女儿，随后她扪心自问，自己和尽责的丈夫营造了一个相对平静、有序、充满希望和爱的家庭环境，但结果为什么却是出现了一个儿童杀人犯。

虽然看起来有些怪异，但是这部小说却相当贴近生活。心理变态者的父母们束手无策，他们只能孤独无助地站在一旁，眼睁睁地看着自己的孩子走上邪恶之路，一心只想着满足自我的欲望，觉得自己无所不能、至高无上。他们发疯似地向每一位咨询师和治疗师求助，但都无济于事。困惑和痛苦渐渐地取代了期待中的为人父母的乐趣，他们一次次地扪心自问："究竟我们哪里做错了？"

幼年心理变态者

对很多人来说，"儿童时期就出现了心理变态"这一观点令人感到不可思议。然而，我们已经知道，在极其年幼时，这种人格障碍就会初次表现出来。一位母亲通过报纸上的文章知道了我的工作，她给我写了一封信，显然十分绝望："我的儿子总是很任性，难以接近。5岁时他就已经知道了对错的区别：如果他没有被抓住，那么就是对的；如果他被抓住了，那么就是错的。从那时起，这就成了他的行为准则。惩罚、父母责骂、威胁、恳求、咨询，甚至还去了所谓的'心理夏令营'，然而这些全都无济于事。现在他15岁了，已经被逮捕了7次。"

另外一位母亲写到，她的家庭正受到一个小男孩的胁迫，他们几年前收养了他。由于这个男孩已经学会了如何应付周围的世界，并且更加意识到了自己的操纵和威胁能力，因而他成了一出混乱而又令人心碎的家庭悲剧的主角。就在写这封信的时候，这位母亲刚刚分娩不久，在不可理喻的养子面前，她和丈夫现在都很担心亲生孩子的幸福。

将"心理变态者"一词应用在孩子身上会让很多人感到不舒

服。他们引用伦理上以及实践中的问题，认为这样会给年轻人打上歧视性的标签。但是临床经验和实证研究都明确无误地显示，这种心理紊乱的根源能够并且的确存在于儿童身上。心理变态并不是毫无征兆、突然出现在成年期的。在先前章节所描述的那些案例中，心理变态的最初迹象在幼年时期就已经有所表露了。

临床经验和轶事证据都表明，对于那些长大成人后被诊断为心理变态的孩子，甚至在他们还未开始上学之前，他们的父母大多就已经痛苦地意识到，自己的孩子在某些方面很不对劲。尽管所有孩子在成长初期都是不受社会规范束缚的，但是有些孩子在进入社会化阶段时却依然对社交压力免疫。他们与正常孩子有着说不清道不明的“区别”——更麻烦、更任性、更具有攻击性、更爱撒谎；更难以“建立感情”或接近；更不易接受外部影响和劝告；总是在考验社会容忍性的底线。在小学低年级阶段，他们与正常发育的孩子在某些方面存在明显差异：

- 反复地、习以为常地、似乎不假思索地撒谎
- 对于他人的感受、期望或痛苦，显然漠不关心，或者无法理解
- 蔑视父母、老师和规则
- 不断制造麻烦，并且对可能遭受的惩罚无动于衷
- 从其他孩子或者父母那里小偷小摸
- 持续出现攻击、欺负弱小和打架行为
- 有长期逃学、旷课、在外逗留太晚，以及离家出走的记录

- 具有伤害或杀死动物的行为
- 过早的性体验
- 破坏行为和纵火

这些孩子的父母常常会扪心自问："接下来还会发生什么？"一位拥有社会学学位的母亲告诉我，她的女儿——我们暂且称之为苏珊——"5岁时就曾经试图把她的宠物小猫冲进厕所里。在她再次试图这样做的时候被我抓住了，她看上去满不在乎的样子，也许还有点儿生气，因为被我发现了。随后我把这件事告诉了丈夫，当他向苏珊询问这件事的时候，她平静地抵赖说根本就没有这一回事儿……我们从来无法走近她，甚至当她还是个婴儿时就是这样，而且她总是想方设法达到自己的目的，要么是依靠撒娇，要么就是依靠发脾气。即使知道我们已经了解了真相，她还是要撒谎……我们还有个孩子，是一个男孩，在苏珊7岁的时候，她不停地用各种残忍的方法戏弄他。比如说，她会把他的奶瓶拿走，然后用奶嘴碰他的嘴唇，当他发疯似地试图吮吸的时候却又把它拿走……现在她已经13岁了，虽然有时候她会表现出乖巧懂事、幡然悔悟的样子，但是我们已经被她的行为折腾得够呛了。她经常旷课，对性很感兴趣，并且总是想从我钱包里偷钱。"

青春期行为障碍与心理变态

在美国精神病学会的诊断"宝典"——《美国精神障碍诊断

与统计手册》（DSM-IV）中，没有一类可以完全适用于儿童与青少年身上出现的心理变态人格。相反，它描述了各种破坏性的行为障碍，其特征就是具有社会破坏性的行为，而该行为通常会给他人造成更多痛苦。以下是三种相互重叠的亚分类：

- 注意力缺陷多动症，其特征是注意力不集中、易冲动、过度活跃
- 行为障碍，它是一种持续的行为模式，该行为侵犯了他人的基本权利并且违反了与其年龄相当的主要社会准则
- 对立违抗性障碍，它是一种消极的、敌对的、目中无人的行为模式，但是与行为障碍不同，它并没有严重侵犯他人的基本权利

这些诊断分类中没有一个准确无误地道出了青少年心理变态者的症状。行为障碍最接近，但是它却没有捕捉到青少年心理变态者在情绪、认知以及人际关系上的人格特征——以自我为中心、缺乏同理心、缺乏内疚、毫不悔改等——而这些对于心理变态的诊断是如此重要。大多数成年心理变态者在青少年时期可能达到了行为障碍的诊断标准，但是反过来却并非如此——大多数出现行为障碍的儿童长大成人之后却并不会成为心理变态者。但是行为障碍还有一种亚分类——表现为“社会关系脆弱、极少焦虑、攻击性水平高，以及其他一些‘心理变态’的特征”——实际上它等同于“心理变态核查表”中对成人心理障碍的界定和诊断。

儿童也存在心理变态，证据来自新近的一项研究，它是由分别位于阿拉巴马和加利福尼亚的两所儿童指导诊所完成的。这些孩子大多数是6 ~ 13岁的男孩，被诊断患有各种情绪、学习和行为问题。根据他们在"心理变态核查表"上的得分，研究者在阿拉巴马大学保罗·福瑞克的带领下，评估了每个孩子是否存在本书第3章和第4章中所描述的人格特点和行为。研究小组鉴别出了一些儿童，他们具有与成人心理变态者极其类似的情绪/人际特征，以及违反社会规则行为。对于这些研究者以及无数困惑而绝望的父母而言，儿童心理变态者已经成了活生生的现实。

艰难的挑战：如何应对？

多数长大成人之后成为心理变态者的儿童在极其年幼阶段就已经引起了老师和咨询师的注意，因此，要让这些专业人士认识到他们所面临的问题的本质，这一点十分重要。如果说干预有机会获得成功，那么它一定是在童年早期。到了青少年时期，要想改变正在萌芽中的心理变态者的行为模式，成功的机会就微乎其微了。

不幸的是，出于各种原因，很多接手这些孩子的专业人士并没有直面这一问题。有些人采取了纯粹的行为疗法，更喜欢矫治某些特定行为——如攻击、偷窃等——而不是治疗一种人格障碍，这种人格障碍是由各种特质和症状复杂混合而成的。而对于那些确诊患有普遍相信无法治愈的心理疾病的儿童或成人，有些人不愿意看到他们身上潜在的长期后果。还有些人则很难想象，其年轻来访者所表现出的那些行为和症状并不只是正常行为的过分夸张，并不是不当家庭教育或不良社会环境的结果。如果只是这样，那么还是可以治愈的。在某种程度上，所有孩子都是以自我为中心的，爱撒谎和操纵他人——这仅仅是不成熟罢了，他们辩护说——而这些话只会使那些孩子的父母感到沮丧，他们每天都面临着一个问题，而这个问题不仅没有消失，反而变得越来越糟糕。

我也同意，给儿童——或者成人——打上心理标签不是一件小事。也许对于儿童来说，最严重的后果是“自我实现预言”，即被打上问题标签的儿童长大成人之后，可能会变成那样的人，而其他人——老师、父母、朋友——通过在不知不觉中传递的消极预期而强化了这一过程。

即使评估过程符合广为接受的科学标准，但是任何诊断都无法避免由于治疗师的粗心大意或者水平有限而导致的误诊。例如，我看过一个案例，是一个年幼的女孩被精神病医生诊断为精神分裂症。随后事实表明，实际上是她从父母那里得不到任何吃的，一旦得到了恰当的照料，她的情况就会大有好转。在成百上千的其他已知案例中，可能还有不计其数的、不为人知的案例，不恰当的精神病学诊断已经对患者的生活造成了深远的影响。此外，不难想象，如果误诊意味着其他可以治疗的问题遭到了忽视，那么这些后果就更加复杂了。

另一方面，如果父母没有认识到孩子具有心理变态者的某些人格特点，那么他们注定就会永无休止地咨询学校校长、精神病医生、心理学家和咨询师，徒劳无功地试图去发现自己的孩子还有他们自己到底哪里出了问题。它同样还会导致持续的不对症治疗和干预，所有这些都会耗费巨大的金钱和情感。

如果给年幼的儿童贴上正式的诊断标签让你感觉不太舒服，那么尽量不要这样做好了。不过，请不要忽视这个问题：无论我们怎么称呼它，它都是一种特定的症候群，其人格特点和行为会导致长期持续的问题。

贾　森

近来我们在一群13 ~ 18岁的男性青少年犯中应用了“心理变态核查表”。他们在核查表上的平均得分高于成年男性罪犯，并且其中有25%符合我们的心理变态诊断标准。令我们尤为不安的是，在得分最高的囚犯中，其中一人年仅13岁。他就是贾森，6岁时贾森就已经犯下多种重罪——其中包括私闯民宅、盗窃、攻击年幼儿童。在临床和行为上，他都与我们曾经研究过的暴力成人心理变态者差别不大，但是有个方面却出人意料，又令我们备感好奇。这就是，比起典型的成年心理变态者，在谈到自己的信念和态度时，他更加开门见山、直截了当，戒备心不那么强，也更有诚意。听这个男孩讲话让人不寒而栗。

当问到他为何犯罪时，这个父母都从事专业工作、家庭稳定的孩子回答说：“我喜欢这样做。只要我惹上麻烦，我爸妈真他妈的都快崩溃了，不过只要我过得高兴，我他妈的才不管呢。是的，我从来都是这么为所欲为的。”至于其他人，包括其受害者，他的说法则是：“你要听真话吗？他们恨不得把我碎尸万段，只不过是我先得手了。”他喜欢抢劫那些无家可归的人，尤其是同性恋、捡破烂的，还有流浪街头的小孩，因为“他们已经习惯了这些。他们不会去找警察发牢骚……我曾经和一个手拿刀子的家伙打了起来，我把刀夺了过来并把它插进了他的眼睛里。他像个小孩那样大声尖叫，到处乱跑，真是个笨蛋！”

到了入学年龄，他已经习惯了从父母和当地商店那里偷东西，并且通过威胁从其他孩子手中得到糖果和玩具。通常，他总是能够为自己的行为开脱。“我只要拿眼睛盯着他们，就能把他们吓破胆。这太棒了。我现在还是这么干。我妈妈已经被我这样糊弄很久了。”

毫无疑问，贾森让我们的社会吃尽了苦头。这个少年的动机和行为让人难以理解——他没有情绪上的困扰，神经系统也没有受损，也没有身处恶劣的社会或物理环境。不幸的是，儿童指导诊所、青少年服务中心、社会机构、少管所以及司法系统的每个工作人员都认识某个与他类似的人。几百年来，这个问题一直保持不变：

- 我们如何看待这种儿童？
- 社会如何在保护这些儿童公民权利的同时，也保护自己？

随着社会深受其害的迹象日益突出，我们已经无法再对某些儿童身上表现出的心理变态视而不见。半个世纪以前，哈维·克莱克利和罗伯特·林德纳就警告过，我们对于身边的心理变态者识别失败已经引发了一种社会危机。如今，各种社会机构——学校、法院、心理健康诊所——每天都以成百上千种不同方式面临着这样的危机，而我们却依然对存在心理变态这一事实视而不见。我们唯一的希望就在于尽早对这种心理疾病进行干预。否则，我们还会继续对一种致命的疾病采取治标不治本治疗方法，从而导致社会危机日益严重。（在下一章中我将对此展开更多讨论。）

犯罪与暴力

过去10年里，我们亲眼看见了一个无法逃避、令人恐怖的现实问题的出现：青少年犯罪急剧增加，几乎快要把我们的社会机构挤爆了。尤其令人如坐针毡的是，吸毒和暴力犯罪——杀人、强奸、抢劫、恶性攻击——一直在不断增加，而且这些罪犯的年纪在逐渐低龄化。我们时常感到伤心难过——但是已不再感到惊讶——因为新闻不断报道出10岁不到的儿童就满不在乎地做出了暴力行为，而这些在以前被认为是冷血无情的成年罪犯的专利。

心理学家罗尔夫·洛伯使我们关注到一个广为人知的事实：一旦青少年的反社会行为已经变得根深蒂固，那么从事临床工作的治疗师就再也没有机会去改变其行为了，多数治疗工作最多只能产生短期的效果。随后，洛伯指出了一个问题，而当前大量有关社会违法行为的资料使得这个问题变得模糊不清："在20世纪60—70年代，出现问题的青少年比率不断上升，这应该引起我们的关注，关注那一代中有些人是否有能力抚养下一代。因为影响下一代反社会水平的因素之一就是不当的儿童教养方式。"换而言之，扶好你的眼镜，让我们拭目以待——精彩的还在后面呢。

洛伯注意到，沿着一些道路走下去自然就会滑向犯罪的深渊，如果我们不尽早倾尽所能地去切断这些道路，那么就是不理智的、愚蠢的。对于心理变态者，这一推论同样适用，并且更加迫切。

肯·马吉德和卡萝尔·麦凯尔维运用心理变态的概念，至少解释了为何青少年犯罪的数量急剧增长的部分原因。为了说明这一点，他们列举了近来全国各报纸让人深感不安的内容：

- 科罗拉多一名十几岁的男孩在一旁耐心等待着，直至自己的母亲被两个年轻朋友捶打致死。
- 佛罗里达州警方试图裁决，5岁的孩子是否知道把3岁孩子从5楼扔下去的后果。
- 令堪萨斯警方迷惑不解的是，一名满怀嫉妒的12岁孩子在准备生日聚会时杀死了自己的妹妹和母亲。
- 家住富人区的一名11岁女孩命令10岁的玩伴离开自家的院子。他没有离开，她就用父母的手枪向他开枪。玩伴经抢救无效死亡。
- 一名4岁女孩把自己的双胞胎弟弟扔到地上导致他们摔死了，原因是其中一个3周大的婴儿在玩耍时无意中抓伤了她。

我还可以列举出其他几十个案例。例如，在撰写本书时，西部某州的一个小镇正在绞尽脑汁地寻找处理一名9岁男孩的办法，他被指控用刀子胁迫强奸和骚扰了其他孩子。他年纪太小，不能提起控诉，而且也不能送进教养院，因为“只有当这个孩子而不是其受害人身处危险时，才能采取这一行为”，一名儿童保护官员如是说。

这些骇人听闻的事件并不是司空见惯的事故，也不是将正常儿童的行为夸大其词。如果我们接受了一个事实，即心理变态者的人格特点在幼年时期就会表现出来，那么这类事件就开始变得容易理解了。尽管这会让我们深感不安，但是它为我们持续一生的人格研究扫清了障碍，并且如果我们想要发展出有效的干预方法，必须找出对于同样都具有人格障碍的青少年，是什么导致他们有的成了诈骗老手，有的成了暴力罪犯，有的成了卑鄙无耻、道德沦丧的商人、政治家，或者专业人士，然而还有的——可能在他身上并不能如此明显地看到的，在第3章和第4章所描述的那些特点——却成了对社会有所贡献的一员。

根 源

当我们考察儿童心理变态者时，很快就会想到一个根本性的问题：为什么？正如前文所述，许多青少年走向犯罪道路是由于不良社会环境的影响——遭受父母虐待、贫穷、缺乏工作机会、不良同伴——而心理变态者却是一开始就偏离了正常的轨道。我们不禁又要问：为什么？

不幸的是，研究者依然还未弄清楚心理变态产生的原因。然而，一些有关心理变态起因的初步理论值得我们思考。在这些理论中，有一方观点认为心理变态主要是遗传或者生物因素的产物（天性），而另一方观点则认为，心理变态完全是由不良的早期社会环境所导致的（教养）。正如大多数争论一样，毫无疑问，“真相”位于这两方中间的某个位置。也就是说，心理变态的态度和行为极有可能是生物因素和环境力量共同作用的结果。

天　性

有证据显示性格具有遗传和生物学基础，并且某些形式的脑损伤会导致类似心理变态的症状，而且心理变态行为早在儿童时期就出现了，以上这些都为从生物学角度解释心理变态的根源提供了结构框架。

- 社会生物学是一门相对新兴的学科，其中有观点提出心理变态并不仅仅只是一种心理紊乱，而且是一种特殊的、以遗传为基础的繁殖策略。简而言之，有社会生物学家断言，我们人生的主要任务之一是繁殖，从而将我们的基因传递给下一代。我们可以通过许多方式来完成这一任务。一种繁殖“策略”就是生育少量孩子并细心照顾他们，这样就可以保证他们有较大的生存机会。另一种不同的策略就是生育足够多的孩子，而其中一些注定会生存下来，即使他们遭到忽视或抛弃。按照假设，心理变态者就是后一种策略的极端情况：他们尽可能多地生育后代，但几乎从不担忧子女的幸福。通过这种方式，他们几乎不需要任何投入就可以使自己的基因传递下去。

对于男性心理变态者而言，生育许多子女的最有效方式就是与大量女性交配——并且很快抛弃她们。除非心理变态者充满魅力或者十分迷人，有女性主动追求他，否则最好的达到目的方式就是通过诈骗、操纵、欺瞒和伪造身份。我们的一名心理变态被试是个30岁的诈骗老手，他曾经有过几十次的合法婚姻，最早是在16岁。他曾经和几个摇滚明星有过不太密切的联系，但经常宣称自己是她们的经纪人和挚友。他轻而易举地使那些踌躇满志的艺人们相信，他可以帮助她们在事业上飞黄腾达。在就我所知的8个案例中，他和这些女人同居后，只要她们一怀孕他就会迅速离开。当被问及他的孩子时，他回答道："我该怎么说呢？他们都是孩子，仅此而已。"

特里21岁，家中有3个男孩，他排行老二，家境富裕且极受尊重。他的哥哥是一名医生，弟弟是念大二的优秀学生。特里是初犯，因一年前的系列抢劫案而入狱两年。同时他也是一名心理变态者。

从各个方面来说，他的家庭生活都很稳定，父母对他关爱有加，而他成功的机会也很多。他的兄弟们诚实勤劳，而他却过着随心所欲的生活，衣来伸手饭来张口。在他看来，享受生活比父母的厚望更加重要。尽管如此，他们还是在情感和金钱上支持他度过了青春期，而他则放荡不羁，不断挑战社会极限，屡次触犯法律——超速驾驶、鲁莽驾驶、醉酒——但是却没有被正式起诉。20岁时他已经是两个孩子的父亲了，但他深陷赌博和吸毒的泥沼。

当他再也无法从家里拿到钱后，他转而去抢劫银行，随即被捕并锒铛入狱。“如果我的父母在我需要他们的时候出现，那么我就不会在这里了，”他说，“有哪个父母会让自己的儿子在这种地方一直待下去呢？”被问及孩子时，他回答道，“我从来没有见过他们。我想他们也许是被人收养了。我他妈的怎么知道呢！”

社会生物学家并不认为，人们的性行为是有意识地为了传递自己的基因库。只不过是本性为我们提供了这样做的各种策略，其中一种恰好就是心理变态者所使用的“欺瞒”策略。当被问及乱交是否是因为想生许多孩子，这样就可以使自己的“基因不朽”时，我们的一名心理变态被试大笑着说：“我就是喜欢干那个。”

女性心理变态者的行为同样也反映出了一种欺瞒策略，她们和许多男人发生性关系，毫不关心亲生骨肉的幸福。当我询问一名女性心理变态者关于她两岁的女儿被其众多情人之一殴打致死的事情时，她冷漠地回答说：“我总会再生的。”（两个稍大一点的孩子已经被送到保护机构了）显然她对自己3个孩子的命运毫不关心，于是我们问她为什么还想要一个孩子，她说：“我喜欢孩子。”与我们研究过的大多数女性心理变态者一样，她口口声声说自己喜爱孩子，但其行为却显然并非如此。女性心理变态者通常会在物质或情感上忽视自己的孩子，或者在搬到另一个性伴侣的住所时抛弃孩子。戴安娜·唐斯就是这样一个骇人听闻的例子，她虐待、忽视自己的孩子，直至最后枪杀了他们，与此同时她有许多风流韵事。同时她还成了“职业”代孕母亲，希望通过怀孕来赚钱。

当然，在现实生活中撒谎和欺骗的人通常会被揭穿。这样他们的效率就会急剧降低，所以他们将目标迅速转向其他伙伴、团队、邻居或者城市。他们居无定所，四处流浪，能够快速适应新的社会环境，这些都可以视为他们不断需要的新鲜的生存土壤的一部分。

还有另外一点。在一个竞争激烈的社会中，正如我们所处的社会，欺骗手段在某些方面具有适应价值。换而言之，心理变态者的特殊人格特点远不会使他们位于社会的底层，反而为他们搭建了通往成功的阶梯。

社会生物学理论符合一些人的直觉，但是难以进行科学验证。大多数支持证据都是道听途说和奇闻轶事。

- 一种由来已久的生物学理论认为，出于某些未知的原因，心理变态者的部分大脑结构发育速度异常缓慢。该理论的基础包括两个部分：成人心理变态者与正常成人的脑电图具有相似之处；心理变态者的一些特点——包括以自我为中心、易冲动、自私自利和需要即刻获得满足——都与儿童的特点很相似。在一些研究者看来，这表明心理变态者不过是发育滞后。例如，哈佛的心理学家罗伯特·卡根就曾经提出，在克莱克利“理性面具”的背后，隐藏的不是精神病患者，而是一个9岁或10岁的孩子。

这些猜测都很有趣，但是正常人在昏昏欲睡或百无聊赖时，同样也会出现上述讨论中提到的脑电波特点，而出现这种脑电波同样也可能是因为，心理变态者对于这些考察其脑部发育是否滞后的测量过程毫无兴趣。此外，儿童与心理变态者表现出的以自我为中心或容易冲动是否真的一样，对此我深表怀疑。我相信，即便把年龄上的差别考虑进来，绝大多数人依然能毫不费力地分辨出正常的10岁儿童与成年心理变态者在人格、动机和行为上的区别。更重要的是，一个10岁心理变态者的父母很少会把他与正常孩子相混淆。

- 一个颇为有趣的生物学模型提出，心理变态是早期大脑损伤或脑部功能失调的结果，尤其是在前脑部分，它在高水平的心理活动中起着重要作用。这个模型的基础是，心理变态者与大脑额叶受损患者在行为上有一些明显的相似之处。这些相似之处包括缺乏长远计划能力，耐挫性差，感情淡漠，易怒并具有攻击性，具有不良社会行为，以及容易冲动。

然而，近来的研究并没有发现证据来证明心理变态者的额叶受到了损伤。此外，心理变态者和额叶受损患者之间的相似性可能只是表面性的，或者说至少没有它们之间的差异性重要。尽管如此，一些研究人员有力地指出，额叶某种功能失调——并不一定出现器质性的损伤——可能导致了心理变态者容易冲动并且常常无法约束其不良行为。不过额叶在行为调控中起到的重要作用已经确定无疑，而以下假设似乎也合情合理：出于某种原因——“错误的连线”、早期损伤——它们无法对心理变态者的行为进行有效的调控。

教　养

我最喜欢的喜剧是《卡尔文与霍布斯》。有一次，愤怒的卡尔文大叫道："为什么我现在必须要去睡觉？我从来没有做过自己想做的事情！如果因为这个，我长大后成了心理变态的人，你会感到后悔的！""没有人会因为到点就睡觉而变成心理变态。"他的父亲回答道。"是的。"卡尔文顶嘴说："但是你也不准我抽烟！你从来都不知道什么会把我推下深渊！"

卡尔文说出了也许是社会对心理变态者最流行的概括，即它是早期心理创伤或不良经历的结果：贫穷、情感或生理上缺乏照顾或遭到虐待、父母的排斥、前后不一的惩罚方式，等等。不幸的是，在这个问题上，临床经验和实证研究所揭示出的内容远没有那么清晰明确。然而，总的来说，我并没有发现能够令人信服的证据证明，心理变态是由早期社会或环境因素直接导致的。（我知道自己的观点令有些人难以接受，他们相信实际上所有的成年反社会行为——小到偷偷摸摸大到杀人放火——都源于早期遭受的虐待或缺乏关爱。）

被忽视和遭受虐待的确能够导致可怕的心理伤害。遭受过这种伤害的孩子的智商通常会更低，出现抑郁、自杀、越轨行为，而且吸毒的风险也更高。比起其他孩子，他们更可能出现暴力行为并在青少年时期被捕。在学前儿童中，比起其他孩子，遭受虐待和被忽视的儿童更容易发脾气、不听从指挥，并且表现得缺乏热情。上学之后，他们倾向于精力旺盛、注意力不集中、缺乏自制力，并且也不受同伴的欢迎。但是这些因素并不会使他们变成心理变态者。

毫无疑问，纠正这些早期问题最终能使犯罪以及其他形式的社会混乱的出现频率大幅下降。但是，心理变态者的数量及其反社会行为的强度却不太可能同样也出现这种程度的下降。

可爱又可怕的苔丝

在一部电影里，心理学家肯·马吉德对六岁半的苔丝进行了心理治疗——苔丝看起来就像个天使，蓝色的大眼睛美丽无邪，乳牙掉了门牙还未长出来。这部电影的大部分内容都是苔丝的治疗录像。听她谈起自己在晚上如何折磨弟弟本杰明——以致父母认为必须把她关在房间里才能使那个可怜的婴儿安然入睡——不仅使人毛骨悚然，而且它完全超出了我们对儿童行为的理解。（其中所涉及的儿童名字均为化名）

“苔丝对本杰明的虐待行径使我们的生活变得痛苦不堪。”她的养父对访谈者说，“刚开始我们认为是本杰明的肚子不舒服，结果发现这是因为苔丝在晚上打他的肚子。我们不得不把她锁在她自己的房间里。”

苔丝偷过刀子——锋利的大刀子，她自己承认说。“你拿它们干什么呢，苔丝？”马吉德问自己年幼的患者。这个小女孩平静地回答说：“杀死妈妈和本杰明……”

在一个片段中，电影解说员详细地描述了苔丝是如何抓住本杰明的头，不停地向水泥地面撞去，而这只不过是她愤怒时表现出的暴力行为之一。她的母亲不得不把她的手从婴儿头上掰开。

“我没有停下来，”苔丝回答说，“我就是要不停地伤害他……”

“你想干什么……”治疗师追问道。

“我想杀了他。”

在录像的另一个片段中，马吉德要苔丝告诉自己她是怎样对待小动物的。

“用针扎它们，我常常这样。”小女孩说，“杀了它们。”

一对富有爱心的夫妇收养了苔丝和本杰明，可是苔丝的行为使他们感到震惊和害怕。为了找出原因，他们仔细查看了苔丝的案例，结果发现早在婴儿时期，这两个孩子尤其是苔丝，在亲生父母家里遭到了令人难以想象的性虐待，心理和生理也受到了极大忽视。马吉德认为苔丝是一个生动的——确实令人难忘的——例子，它表明了如果儿童在早期生活中没有与其父母或主要照料人建立起“依恋”或“依附”关系，那么将会产生什么后果。马吉德的著作《高风险》最早出版于1987年，他在书中阐述了自己的观点，认为在适当的成长阶段，即从出生到两岁，如果没有形成心理上的亲子纽带，那么它就会成为触发心理和行为问题（包括心理变态）的一个主要因素。

各种依恋理论依然很流行，这在很大程度上是因为它们似乎可以“解释”所有问题，从焦虑、抑郁到各种人格障碍、精神分裂、饮食紊乱、酗酒以及犯罪。但是支持这些理论的大多数证据都来自对早期经历的回溯性报告，这些当然不能提供最可靠的科学资料。此外，很少有证据显示早期的依恋障碍与心理变态的形成有关。

与“不良依附关系”相关的大多数外部因素——拒绝、剥夺、忽视、虐待等——确实会产生一些可怕的后果，而有些后果可能会与心理变态的界定中所提到的特点和行为相类似。

当然，这部电影中的小苔丝似乎是一个生动鲜明的例子。但是没有证据表明，不良依附关系会导致个体出现心理变态的所有症状——包括善于运用其魅力来操纵他人，以及缺乏严重而令人痛苦的各种心理症状。而在那些由于社会和物理环境，而在情感上遭受过伤害的人身上，会发现这些心理症状。

虽然一些人声称心理变态是婴儿期不良依恋关系的结果，但是我的观点却正好相反：对于有些儿童，难以形成依附关系是心理变态的一种症状。很可能这些儿童缺乏形成依附关系的能力，而他们无法形成依恋关系主要是心理变态的结果，而不是其原因。

有些人轻易忽略了这一可能性，他们宣称所有一切都应该归结于恶劣的环境或不当的教养方式。尽管年幼心理变态者的父母想尽了一切办法，试图理解、教育他们，但是他们的生活还是被搅得天翻地覆，而社会还不公正地为此指责父母，这令他们更加难以接受。他们满怀内疚，想找出自己到底哪里做错了，但这只是徒劳无功。

一种相互作用的模式：天性和教养

我更赞同的观点是，心理变态的形成是一种复杂的——但我们却知之甚少的——生物因素与环境力量相互作用的结果。它的依据是，遗传因素影响了大脑功能的生物基础以及基本的人格结构，而它反过来又影响了个体对生活经验和社会环境的反应方式与互动方式。实际上，心理变态的形成要素——包括极度缺乏同理心和所有情感的体验能力（包括恐惧）——部分是先天的，可能是通过某种未知的生物过程影响了胎儿与初生婴儿的发育。其结果就是极大地降低了心理变态者在内部控制、良心和与他人情感“沟通”方面的能力。

这并不意味着命中注定心理变态者只会沿着一条固定道路发展下去，天生就要在生活中扮演离经叛道的角色。但是这的确意味着他们的生物遗传——这些原材料经过环境、社会、学习经历的塑造会变成一个独特的个体——为社会化和良心的形成提供了一个劣质的基础。打个简单的比方，陶艺家可以用黏土制造陶器（教养），但是陶器的品质同样也取决于使用的是哪种黏土（天性）。

尽管心理变态在很大程度上并不是不良教养方式或消极童年经历的结果，但是我想它们在依据个体天性而塑造其人格的过程中产生了重要作用。社会因素和父母的教养方式影响着人格障碍的发展及其行为表现的形式。

因此，如果具有各种心理变态人格特点的个体在稳定的家庭中长大，并且可以获得积极的社会和教育资源，那么他可能会成为诈骗老手或白领罪犯，或者也许是名声有点不太好的企业家、政治家或专业人士。如果另一人具有相同的人格特点，却出身于贫困凄苦的家庭环境，那么他可能会成为流浪汉、雇佣兵或暴力犯。

在这两种情况下，社会环境与教养方式都影响了人格障碍在行为中的表现方式，但是它们对个体同理心和良心的形成方面作用不大。社会条件的改善本身并不能提高个体关心他人的能力或者使其产生强烈的是非观。以上的比喻更进一步说就是，比起陶艺家经常面对的黏土，心理变态的“黏土”在可塑性上要差得多。

这个观点对于犯罪司法系统具有重要意义，即家庭生活的品质影响了大多数人的行为，而它对心理变态者的反社会行为所产生的作用要小得多。在近来进行的几项研究中，我们评估了早期家庭背景对心理变态者和其他罪犯成年后犯罪行为的影响作用。

- 我们没有发现有证据表明，心理变态者与其他罪犯在家庭背景之间存在差异。毫不令人惊讶的是，大多数罪犯的家庭都有着这样或那样的问题。
- 在那些不属于心理变态的罪犯当中，家庭背景的质量与早期犯罪行为的开始年龄和严重程度有着密切相关。因此，对于那些来自问题或贫困家庭的罪犯，他们初次出现在成人法庭上的年龄大约是15岁，而对于那些来自相对稳定家庭的罪犯，他们初次出现在成人法庭上的时间则要晚得多，大约是24岁。
- 与之形成鲜明对比的是，家庭生活质量对心理变态者的犯罪行为出现时间完全没有影响。无论家庭生活是否稳定，心理变态者初次出现在成人法庭上的年龄平均都是14岁。

● 非心理变态犯罪与一般性犯罪研究结果一致：也就是说，消极的家庭影响促进了犯罪行为的早期发展。然而，即使良好的家庭生活能够促进其兄弟姊妹的健康行为，却无力改变心理变态者冷酷无情、一心满足自我的生活方式。

● 相对于这些一般结论而言，有一个例外非常重要：我们的研究表明，来自不稳定家庭背景的心理变态者比来自稳定家庭背景的心理变态者表现出了更多的暴力犯罪，但是家庭背景却对其他罪犯的暴力性没有产生多大影响。这与我先前的观点相一致，即社会经历影响了心理变态的行为表现。在贫困和问题家庭中，暴力行为十分常见，未成年人乐意变成心理变态者，对他来说，暴力和其他行为方式在情感上并没有任何不同。当然，其他人也习得了暴力行为，但是由于他们能够对他人感同身受，并且抑制冲动的能力更强，因此他们并不会像心理变态者那样，轻易将其付诸行动。

对这个面具社会的另一种看法

从急剧扩散的社会焦虑来看，心理变态的根源问题就具有了一种不祥的意义。我居住的城市里最近发生了一起案件，它不仅清楚地表明了青少年犯罪率不断上升的严重性，同时也显示了数据背后的含义。依据“加拿大少年犯法案”，一名13岁的杀人犯被判处了该法案的最高刑期——3年监禁——因为他用木棒打死了一个12岁的孩子。杀人动机是什么？杀人犯付了250美元后，受害人却没有给他相应数量的大麻——这的确是非常成人化的犯罪。

据报道，这个未指名道姓的杀人犯善于操纵他人，头脑机警，打小起就惹是生非。与这名杀人犯有关的一些细节颇有意味。例如，这名杀人犯的邻居朋友们将他描述为“就是‘一个正常小孩’，他逃课、吸大麻、玩电动游戏……当被问及该少年是否有任何特殊爱好时，他的朋友们回答说是商店行窃……辩护律师告诉保释裁决团，听说这个已被判刑的杀人犯在8岁时就开始私闯民宅。这个孩子9岁就开始纵火，在过去3年中逃跑了10次……他因为私闯民宅、偷盗和私藏麻醉毒品而被判刑。由于捣蛋破坏和旷课，他数次留级。七年级的时候，他因为从‘牛奶计划’中偷盗而被学校开除。11岁时，他每天都吸食大麻，随后开始经常吸食大麻麻醉剂（编者注：大麻麻醉剂是一种浓缩的大麻提取物），偶尔也会吸食可卡因……在他的判决书中，法官引用医生的证明材料说，该少年表现出了典型的‘反社会’行为。他们不像其他人那样会感到内疚，并且很难对他人感同身受……总的来说，他们不会随着时间的流逝而发生任何改变”。

听起来很耳熟？也许是的。虽然仅凭一些零星报道的细节，我无法作出远程诊断。这些描写的重点之处并不在于对这名少年犯的诊断，而是在于对其谋杀行为所处环境的评论：“他居住地广为流传的故事表明，多达20名年轻人都知道该被告要为这起谋杀案负责，但是他们全都缄默不语。”

帮派总是会为心理变态者提供大量的机会。他们冲动、自私、冷酷无情、以自我为中心和具有攻击倾向等特征轻而易举地就与许多帮派活动融为一体——甚至为其奠定了基石。的确，对于暴力心理变态者来说，其他活动都不能为他们提供如此丰厚的回报，并且还可以逃脱惩罚。当地青少年帮派大都涉及贩毒、盗窃、恐吓、勒索等犯罪。他们从学校吸纳了许多新成员，势力也遍布于学校内外，它时刻提醒着老师和学生，这些帮派拥有强大的影响力和原始力量。

尽管对于我们身边出现的这些帮派，社会越来越警觉，但是对非法帮派活动的处罚常常仍然是不痛不痒。在近来发生的一起案件中，两名15岁、一名16岁的青少年被指控参与帮派活动，其中包括袭击他人、盗窃车辆、持有危险武器、持械攻击他人、袭击伤害他人身体。大多数指控都没有成立，由于害怕遭到报复，儿童证人的父母不让自己的孩子去法庭作证。警方发言人说，“非常令人伤脑筋的是，通过威胁恐吓，罪犯可以逃脱指控”，同时他还指出，在任何针对帮派的指控中，总会有些目击者收受封口费。这些帮派成员具有一种力量和不可战胜的集体意识，而其成员中的一些心理变态者感觉也是如此。

如果正如我所相信的那样，我们的社会正在变得日益容忍，并在某些情况下实际上欣赏“心理变态核查表”中所列出的那些特点——例如冲动、不负责任、不知悔改等——那么我们的学校可能就会演变成一个小型的“面具社会”，在那里真正的心理变态者可以隐藏起来，追求其破坏性的、满足自我的生活方式，并且危及正常的学生群体。真正令人担忧的是那20个加拿大少年保持沉默背后的含义，他们知道发生了凶杀案，知道凶手的身份，但是，无论出于什么原因，他们没有告诉任何人。他们的行为表明，我们的社会不仅对变态人格感到好奇，而且越来越容忍它。更令人害怕的是，对于那些在不良家庭或恶劣环境中长大的孩子，这些“很酷”却邪恶的心理变态者很有可能会成为他们扭曲的榜样，而在不良家庭或恶劣环境中，人们毫不在意诚实、公平，根本不关心他人的幸福。

“我都做了些什么？”

很难想象，每位心理变态者的父母都会近乎绝望地提出以下问题：“作为一个父亲/母亲，我到底做错了什么，我的孩子才会变成这样？”

答案是，也许他们毫无过错。对那些零零星星的资料进行总结之后，我们并不知道为什么有人会成为心理变态者，但是眼前的证据使我们无法相信普遍认同的观点，即父母的行为应该为人格障碍承担唯一的或者甚至是主要的责任。但这并不意味着父母和环境完全与之无关。教养行为也许不是人格障碍的主要因素，但是它却与症状的发展和表现形式有很大关系。毫无疑问，不良教养方式和恶劣的社会与物质环境会极大地恶化潜在的问题，并且它们在塑造儿童行为模式方面起到了重要作用。这些力量的复杂交互作用有助于我们发现，为什么只有少数心理变态者会成为连环杀人犯，而大部分心理变态者终其一生也只是“普通的”罪犯、名声不佳的商人，或者合法的掠夺者。

虽然心理变态的根源仍然模糊不清，但对它的诊断精确性已经有了提高，相关研究也在不断增加，这些都使我们可以开始寻求各种更好的方式来应对身边的心理变态者。这就是本书最后几章的主题。

1981年，在加利福尼亚的米尔皮塔斯市，一个男孩在班上杀死了一名14岁的女孩，随后的3天里，13名少年全都对此事保持了沉默。那段时间里，这些少年还到山谷中去查看了尸体。1987年上映的电影《大河边缘》就改编自这一真实案件，它把这些孩子们描述成“空白的一代”。对于任何熟悉当前某些青少年交流方式的人来说，这一描述令人警觉却又熟悉。这部构思巧妙的电影非比寻常地启发了我们，使我们认识到，青少年无法无天的亚文化可以有各种形式的伪装。

这些孩子身处的世界是一个白人劳动阶层，而各种电影很少对这种环境进行现实的刻画。在那里，孩子们受电视暴力的影响建立了一个地下秘密组织，而他们的父母整日里为了生计奔波忙碌，根本顾不上家庭生活。电影中的父母们饱受日常生活之苦，精疲力竭，痛苦不堪，他们最多只能在孩子们进进出出房子时对他们大叫“是你吗？”，然后埋头做自己的事。

这部电影中最令人震撼的情景之一是，一名老师还愿意去关注这些孩子，他试图揭开这些孩子“很酷的”、冷嘲热讽式的面具。

他先是询问，随后实际上几乎是在乞求同学们告诉自己，他们对同班同学的惨死有何感受。只有班上的“书呆子”愿意承认自己在乎，其他人则对这个问题感到困惑不解。老师几乎要绝望了，为了找到证据表明自己与学生的交流还是有意义的，他找到其中一个名叫克拉瑞莎的女孩，她是最终告诉老师这起谋杀案的学生之一，他问这个女孩：“说说看，加米对你来说意味着什么……”这个女孩甚至回答时，语气平静、眼神空洞。导演留给观众的是，这个女孩要么是麻木不仁，要么就是拒绝向老师吐露自己的感受。

这些学生毫无同理心，没有丝毫同情，甚至没有感觉到失去了什么，这使老师大为愤怒：“她死了，而这个班上没有一个人感到难过——它给了我们一个变得高尚的机会，而这个班上没有一个人为她的死而真正感到难过。因为如果我们感到难过，我们就不会待在这儿了，我们就会在大街上没日没夜地追捕杀害她的那个家伙。”

老师的爆发换来的反应是什么呢？令人寒心的鸦雀无声。

它只不过是一部电影，的确如此。在《大河边缘》所刻画的那个社会中，人们感情贫乏、冲动、不负责任、自吹自擂、只顾满足自我，但令人害怕的是，那个社会正在变成现实。正如罗伯特·林德纳于1944年所说的那样，前人认为心理变态者“闪耀着个人自由的火花”，而时至今日，我们的大街小巷、我们的学校，甚至我们的家庭都可能在给心理变态者提供机会，使他们混迹于人群之中从而不被发现、不被诊断出来，并且还受到积极鼓励。

我希望，本书能够引起社会对这一可能性的关注，如果将儿童心理变态者随意释放出来，这个令人可怕的后果就有可能会出现。

第11章

标签的伦理问题

我八年级时因为打老师而被学校开除。社会工作人员说："他的情况不太好。送他去夏令营吧。"17岁的时候，我被指控强奸。精神病医生说："他是个心理变态者。送他去监狱吧。"这毁了我的人生。既然他们认为我坏透了，那我就证明他们是对的。

——一个已被判刑的强奸惯犯，他承认自己初次性暴力犯罪是在11岁

在本书中自始至终我都提出，如果我们要想更好地了解这种社会破坏性极大的人格障碍，那么就必须对心理变态者进行准确的评估。但是有一件事甚至比准确的评估更加迫切：在我们能够发展出对心理变态者进行有效管理和治疗的方法之前，我们必须正确地识别他们。

随着犯罪率和罪犯人数的失控飙升，随着心理健康机构日益超负荷的运作，随着暴力犯罪、吸毒、意外怀孕，以及青少年自杀问题出人意料的大量涌现，我坚信，心理健康和社会专业工作者们都迫切需要运用心理变态这一概念来引导他们作出决策。如果

运用得当，对心理变态的诊断就有可能消除我们的某种疑惑，即我们的社会秩序如何以及为何陷入了当前这种困境。不过，不当标签则可能会对被误诊的个体带来巨大伤害。正是出于这些原因，“心理变态核查表”才是一个如此重要的工具。它不仅为治疗师和决策者提供了可靠有效的诊断工具，同时也为其他人——包括犯罪司法系统的工作人员——提供了有关心理变态诊断精确详细的描述。这个过程并不是像一名咨询师说的那样简单，“从专业的角度来看，这个人是心理变态患者”，而诊断的依据却被一笔带过。

在最近的一次学术会议上，一名监狱心理学家告诉我，他那个州的相关机构经常使用“心理变态核查表”，以防止假释裁决团作出错误的决定。“在给假释裁决团写推荐意见时，它帮了我们的大忙。”他说，“我们告诉裁决团该罪犯是否心理变态，并向他们解释诊断的含义。然后由裁决团决定如何使用这些信息。如果这个罪犯是心理变态的人，而他们把他释放了，他又杀了人，那么我们就没有责任，裁决团不得不向公众和受害者家属作出解释。如果他没有心理变态，并且其他所有证据都表明他可以获得保释，而他却杀了人，那么我们也没有责任。裁决团也是。我们都已经尽力了，所有假释都有一定风险。”

这位心理学家还说，以后肯定会有假释罪犯的受害者家属对州政府提出起诉，控告释放了“一个被漏诊的心理变态杀人犯”，这只是个时间问题。他说“心理变态核查表”是应对这种起诉的有力保障。

只有假释裁决团惊讶不已

公众常常困惑不解的是，为什么一个恶贯满盈的罪犯会早早地就从监狱获释了。其中原因各不相同，但大多数情况是因为假释裁决团觉得这名罪犯不会再对社会造成威胁了。多数情况下，他们的决策是正确的，但是他们偶尔也会犯下令人费解的悲剧性错误。例如，看看卡尔·韦恩·班辛的案例，1991年5月7日的电视节目《现场报道》中就提到了他。1990年他从得克萨斯州的一所监狱获释，他本来因为性侵犯而被判刑15年，但只服刑了15个月。6周之后，他在一次日常交通检查时枪杀了一名警官。

这个人因暴力犯罪而被判长期入狱，可是他刚刚服刑不久，为什么就如此迅速地获得了假释呢？无论如何，他的犯罪行为不仅仅只有这些。他的犯罪记录至少可以追溯到1961年，而且他不断违反假释保证，这些保证对他来说似乎是信手拈来。实际上，1984年他因两项犯罪同时被判两个10年的刑期，但在1986年他第7次获得了假释。当被问及“你怎么能够说，具有这种犯罪记录的人不会对社会造成威胁呢？很显然这个人是惯犯”时，假释裁决团主席的回答是，“这是判断上的问题”。他还说裁决团丝毫不该为警察的死而受到指责——“就像我们不该指责班辛的母亲养出了这么一个儿子”。

班辛的女友这样描述他：“他很聪明，非常幽默，很好相处，非常淡定从容；他是一个绅士。”对于如此一个极具反社会性的人，这种评价相当怪异，遭受其性侵犯的受害人和被害警察的家属是绝对不会认同这些评价的。正如电视记者戴维·李·米勒所说："也许爱情是盲目的，但是得克萨斯假释裁决团却没有认清卡尔·韦恩·班辛的真面目，他们的借口又是什么呢？"

班辛是心理变态者吗？可能是的。如果当局坚持对其假释申请进行恰当的评估，如果裁决团保持了足够的警惕，综合考虑其诊断结果和犯罪记录，那么班辛就不可能从监狱里释放出来。无论如何，班辛不会突然浪子回头，这一预测不是脑袋发热的结果。

然而，令人悲哀的事实却是，假释裁决团的成员更有可能是由司法机构指定的。专业人士了解犯罪行为，知道心理变态在预测再次犯罪和暴力行为方面具有潜在的重要作用，而比起这些专业人士，裁决团成员不具备这种素质。此外，裁决团成员通常没有时间去了解一切详情。在很多情况下，他们不太乐意使用或者不太明白精神病医生和心理学家所提供的临床报告。看了这些报告后，我明白了许多假释裁决团为什么没有发现它们的重要作用，在他们难以决策是否该将罪犯提前释放时，其实这些报告大有用处。许多临床报告含糊其词，或者通篇术语，有些报告提供的诊断则缺乏实证证据，证明它们能够预测再次犯罪和暴力行为。

标签的力量

同时具有较高预测性的准确诊断对犯罪司法系统是极为有用的。"心理变态核查表"能够成功地预测再次犯罪和暴力行为就证明了这一点。然而，认识到误诊和打上错误标签的危险性同样也非常重要。例如，在罪犯行为矫正中，监狱工作人员或监狱心理学家根据其档案中的一个记录就会给服刑人员打上杀人犯的标签。比如说，假设有个年轻人因为多起盗窃行为而入狱，现在他有资格申请假释了。超负荷工作、报酬又低的监狱心理学家对他进行了一次简短的访谈，草草翻看了他的档案，注意到几年前有位精神病医生说他具有“反社会人格”。在撰写报告时，这位心理学家声称，根据他的临床诊断，这名服刑人员是个心理变态者，因此不适合假释。出于对这一标签含义的理解，以及考虑到不断上升的犯罪率，裁决团拒绝了假释申请。这名服刑人员的情绪随后变得抑郁低落，最后自杀了。在死亡原因调查中，这位不幸的心理学家作证说，他是依据档案信息和15分钟的访谈而作出的诊断。

然而，问题的另一面是，在犯罪分类、工作分配、恰当的治疗和干预方式的决策、释放计划、对囚犯的日常管理方面，准确的评估是非常有用的。对心理变态者的诊断同时还可以防止将其从监狱转送到司法精神病医院（专门收治心理疾病罪犯患者的医院），在那里他 / 她会对其他患者造成破坏性的影响。或者说，如果罪犯需要转入这样的医院，那么诊断他是否心理变态会有助于确定他应该住进何种安全等级的病房。最近发生了一个案例，在北美最大的心理疾病罪犯医院中，一个患者杀死了一名医院工作人员。管理机构和全体职工开会后通过了一项新政策：如果患者在“心理变态核查表”上的得分较高，并且有暴力史，那么他必须首先接受特殊的管理审查，然后才能考虑是否将其安置到安全级别更低的医院病房里去。这项审查有助于工作人员完成其艰难而又折磨人的工作，他们试图在以下两端之间寻求一个合理的平衡点：既要减少暴力，又要考虑到每个患者都有接受适当治疗的权利。

从法律和心理层面而言，世界上大多数司法机构都认为心理变态患者是神志健全的。然而，近来在澳大利亚的一个案例中，相关机构认为为了防止加里·戴维——一名具有攻击性的心理变态者——从监狱里释放出来，唯一的办法就是从立法上宣告他，以及其他类似的人患有精神疾病。据报道，在获知戴维恶行累累的犯罪和暴力史后，一位听说了该案例的最高法院法官这样说道："一个有着这般犯罪史的人肯定患有精神疾病，如果精神病医生没有意识到这一点，那么肯定是他们自己疯了。"尽管遭到精神病学学会的一致反对，但戴维还是被认定患有精神病，随后被关押在一家安全级别很高的医院中。（摘自"加里·戴维的案例"，《澳大利亚与新西兰精神病学杂志》，1991年第25期，第371–374页，作者内维尔·帕克）

远程诊断

生活中一个有趣的巧合是，我接到了哥伦比亚广播公司的电话，他们请我评论一下，心理变态与伊拉克总统萨达姆·侯赛因的人格之间是否可能存在某种联系。当时正值海湾战争打得如火如荼，媒体对各种敌意及其背后的政治企图进行了全方位的猜想和评论，它们没日没夜地将普通大众淹没。全球都苦恼于如何预测萨达姆的下一个行动，显然哥伦比亚广播公司决定利用某种

“专家意见”来火上浇油。

我婉拒了邀请。如同“死亡博士”（随后就会谈到）的随意诊断一样，对公众人物的远程诊断，即便是由经验丰富的诊断专家来做，也极易沦落成对专业程序的拙劣模仿。其结果就是看起来堂而皇之的评语，它的诊断依据不是事实而仅仅是专家的权威。

在萨达姆·侯赛因的案例中，这种风险尤其明显，因为，正如我们在战争初期不断听到的那样，“真理是战争的第一个受害者”。不仅萨达姆的传记存在局限性，并且他所处的文化、宗教以及信仰体系的其他组成部分都与我们所了解的大不相同，而这些因素将起到重要作用，对于任何一个试图进行诊断的人来说，都需要对以上这些方面进行认真的研究和了解。

与此同时，丹尼尔·戈尔曼对杰罗德·波斯特博士的言论进行了回应，前者是乔治·华盛顿大学精神病学与政治学的教授（“专家们对外国领袖的心理解剖意见不一”，《纽约时报》，1991年1月19日）。在对美国参议员的证词中，波斯特博士认为伊拉克总统患有“恶性自恋狂”，一种导致他自高自大、妄想偏执、冷酷无情的严重人格障碍。甚至连外行也这样认为。在1991年2月13日的美国有线电视新闻网节目中，众议员罗伯特·多南认为萨达姆是“社会性心理变态”。

在他发表于《纽约时报》的文章中，戈尔曼进一步表明，公众人物的心理形态可以从弗洛伊德的理论中找到根源，而美国政府也认为这些观点很有价值，但是专家们却对它们的价值持有不同看法。尤其在萨达姆的案例中，“批评者指出，其他解释同样也有道理，波斯特的诊断只有小部分依据”。

尽管如此，波斯特不仅运用自己的诊断来描述萨达姆的心理，而且还预测他未来的行为，宣称1月15日之前，也就是前总统布什要求萨达姆撤离科威特的最后期限，“侯赛因先生很可能会在最后时刻放弃抵抗”。

事实证明恰好相反：萨达姆顽固死守。波斯特承认了临床诊断的预测力有限：“这些都只是模式和趋势。你可以说某人过去是如何应对危机的，但是你不能仅仅依靠人格就作出完全准确的预测。”

这个故事还有个有趣的相反版本，在加拿大广播公司1991年2月7日的新闻节目中，一名伊拉克人说：“布什想要杀掉所有的阿拉伯人。他是个心理变态的人。”

一位母亲在报纸上看到了介绍我工作的文章，有一天她打来电话说，“根据这篇文章，我儿子似乎是个心理变态的人”。然后她问我是否可以拿“心理变态核查表”对她儿子测试一下，他目前已经因偷窃罪服刑了3年。我解释说我不会那样做，在任何情况下，如果他被确诊为心理变态者，那么他就更难提前获得释放。“但是问题就在这儿，”她大叫道，“我不想他被放出来！他只会给我们惹麻烦。他7岁时就骚扰妹妹。9岁时警察就成天往我们家跑，我甚至都可以收警察们的房租了。他现在坐牢是因为从他爸爸公司里偷东西。”

走近“死亡博士”

在法庭上给某人打上诊断的标签会对其造成潜在的破坏性伤害，而就在詹姆斯·格里格森博士身上，这变成了可怕的现实，他是得克萨斯州的一名精神病医生，在公众和心理学文学作品中以“死亡博士”而著称。在得克萨斯州，最恶劣的谋杀只会面临两种审判结果：终身监禁或者死刑。罪行确定以后，在陪审团决定最终判决之前，还有一项独立的法庭程序。在这种决定是否要宣判死刑的听审会上，陪审团必须在以下“三个特别问题”上完全达成一致：

1. 凶手“蓄意”造成受害者死亡；
2. 将来“被告还可能会出现暴力犯罪行为”；
3. 没有合理的事件“激怒”了被告的杀人行为。

第二个问题——危险性问题——通常且最令人头痛的。在介绍格里格森的一篇文章中，罗恩·罗森鲍姆写道：

这时候医生就进来了。他会站在那儿，听着关于杀人事件和杀人犯的事实陈述，随后——通常不对被告进行检查，甚至不会拿眼睛去看一下他，直到审判那一天——告诉陪审团，就医学观点而言，他可以肯定的是，根据特别问题中第二个问题的界定，这名被告会继续对社会造成危害。所有程序就是这样。

随后作者继续叙述了他与格里格森一起进行的悲伤之旅，后者在两天之内为三次重要的审判提供了证词——而他的证词导致陪审团决定对三个案件的罪犯都判处死刑。对于任何一个有责任心的研究人员和临床医生而言，他对作证医生的描写无疑令人深感不安。这种做法代替了对被告的详细考察，用法律上一个广为人知的术语来说，它是“一种假设”。根据被告人的犯罪记录和其他档案，公诉人在口头上对罪犯进行了详细的假设性描述。随后他问医生，基于以上描述，“在合理的医学可能性内，你认为被告……是否还会出现暴力犯罪行为，从而对社会继续造成威胁？”

在亚伦·李·富勒的案例中，他因入室抢劫一名老妇，将其打死并奸尸而被判刑，罗森鲍姆引用了格里格森对以下问题的回答，即一名与被告富勒类似的杀人犯是否还会继续杀人：

“请问先生，您的看法是什么呢？”

“绝对不容置疑，无论如何毫无疑问，你所描述的个体以后还会出现暴力犯罪行为，并且他会对其置身其中的任何社会都造成非常严重的威胁，他已经深陷日益恶劣的暴力行为之中。”

“您的意思是他会对任何社会造成威胁，甚至在监狱中吗？”

“当然，是的，先生。他在那儿的行径会与在外面完全一样。”

就是如此，罗森鲍姆评论说。陪审团所需要的一切“医学的”“科学的”证词——在任何案例中他们所得到的一切——都表明亚伦·李·富勒非常危险，不能让他继续活在人世，他无可救药，应该被判处死刑。

格里格森对一种特定“假设”作出了积极回应，他认为被告是一种“严重的社会变态”。然而，显然该术语与本书中描述的心理变态是同义词。

查尔斯·尤因在一篇文章中讨论了预测危险性的伦理问题，他指出在七十多次重要的审判听审会中，格里格森都给出了这一证词，而其中六十九次都导致了死刑宣判。他继续指出，格里格森并不是“个别现象”，全国各地的陪审团都依据专家的此类证词而作出决策。

美国高级法院接受精神病专家（如格里格森）的证词，但前提是专家需要说明，该预测代表的只是其个人观点。审判程序是具有辩护性的，它允许其他专家对此观点提出质疑。但是有些专家比其他专家要有说服力得多。罗森鲍姆指出，作为颇有名望的专家之一，格里格森的证词具有一种魅力，能够克服各种障碍，说服陪审团相信他是对的。

至少我们可以说，格里格森在专家证词上的做法比较特殊。根据心理学和精神病学会对实践标准的界定，恰当的诊断程序要求对个体进行仔细的考察和测试，需要遵守普遍接受的、可靠的诊断标准。

南方某州的一位司法精神病学家近来告诉我，他的一名患者已被确诊为心理变态，而他可以成功地在法庭上为该患者进行辩护，因为“你的研究表明心理变态者的脑部患有器质性损伤”，所以他不需要对谋杀负责。很快我就明白了，他所指的是近来发表的一项神经心理学研究，而实际上我们的结论是，通过标准测试，心理变态者的脑部并不存在器质性损伤。他代表患者向法院提交的证据是基于对这项研究的误读之上。

这位精神病学家的错误成为其患者的救命稻草：他逃避了死刑的惩罚。

在我看来，不仅就科学和临床而言，格里格森的诊断过程以及草率结论都存在问题，而且它们还反映了一个奇怪的信念，即他坚信自己不会看错人。即使在最理想的情况下，能够获得可靠的信息，并且使用严格的诊断标准，对于精神疾病的诊断和预测也并非万无一失。如果诊断结果不仅对于治疗，而且对于个体的余生都具有深远意义，那么我们必须确保，在可接受的范围内它是准确的。我们同样还必须认识到一个事实，那就是，即便可能作出完全准确无误的诊断（事实上这并不可能），它对再次犯罪或暴力行为的精确预测力也是有限的，原因很简单，反社会行为的决定因素包括个体的、社会的和环境的，而影响诊断的那些变量只代表了这些因素中的一小部分。不过，大量证据表明，只要依据“心理变态核查表”进行仔细诊断，就可以大大降低司法系统进行相关决策时的风险。如果使用得当，它会有助于区别哪些罪犯不会对社会造成太大威胁，而哪些罪犯再次犯罪或出现暴力行为的风险很高。

一种工具的好坏取决于使用者

“心理变态核查表”作为一种描述和预测的工具发挥着重要的作用，临床医生已经迅速把它应用于多种情况。不过，拥有一种工具和恰当使用它完全是两回事。以下情景清晰地表明，在使用这一诊断工具时，如果方法不当，会造成什么样的危险后果。J博士是一名司法精神病学家，以专家证人而著称，他在一次审判听证会上作证说，在他看来，一名已被定罪的罪犯会继续对社会构成威胁，该罪犯先前已多次出现暴力违法行为。这一观点依据的是该男子的犯罪记录以及J博士对他的诊断，根据“心理变态核查表”的界定，J博士将其诊断为心理变态者，因此他不可能改过自新了。J博士的报告和证词极大地影响了起诉方的决定，他们认定该男子是危险罪犯，并判以终身监禁。

一家著名律师事务所的初级律师在听证会上代表罪犯出席，由于J博士崇高的声望，毫无疑问这并不是什么好差事。听证会开始前，这名律师认识我以前的一个学生，于是告诉了我这个案件，并给我看了J博士向法庭提交的那份报告复印件。我对该报告有一些保留意见，于是律师问能否对该罪犯重新进行一次评估。我的两个同伴又重新对该罪犯进行了测试，他们在“心理变态核查表”的运用方面都非常有经验。他们的结论显示，该罪犯没有心理变态。

我先向律师，之后又向法庭解释了应该如何使用“心理变态核查表”并进行计分。随后律师开始检查J博士自己是如何使用

“心理变态核查表”的，他很快就发现，这位精神病医生实际上并没有非常严格遵守使用手册中的说明。相反，他把核查表当作一种框架来验证自己的学术观点，并且参考了当时已经发表的大量科学文献（这种行为在临床医生身上并不罕见；换而言之，他们通常只是把正式的诊断标准当作一些指导意见，再结合自己的临床经验，从而形成其自己的观点）。法官没有接受J博士的心理变态诊断，驳回了控方对罪犯无期徒刑的判决。

本章谈及的伦理问题有两个根源：缺乏科学合理的程序以及在实践中存在问题。诊断要求给予明确的标签；依据不准确的诊断所进行的错误预测则会造成混乱和灾难。要想防止灾难的发生，解决之道就在于，认真仔细地遵循来自可靠科学研究的诊断程序。缺少任何一个步骤都不行。

第12章

我们能够做些什么？

亲爱的安·兰德斯：我是代表姐姐写这封信的，她是一个高中辍学生的继母。我姑且称他为“丹尼”，丹尼今年22岁。这个男孩的亲生父亲在他尚在襁褓中时，就与他的母亲离婚了。现在他的亲生父亲和我姐姐已经结婚7年了。

我姐姐在他身上已经花费了好几万块钱，包括10 000美元的军事化寄宿学校学费。由于行骗、说谎和偷窃，他被这所学校开除了。她聘请了家庭教师辅导他的功课，带他去看了3个心理学家，他们都告诉她这个孩子的内心充满敌意，她还带他去医生那儿做了检查，排除了身体疾病问题。

丹尼以前曾经与我姐姐及姐夫居住过，还分别与他的奶奶、他的生母居住过。现在他和一个姑妈住在一起。他不去工作，不付房租，乐于接受任何好心人的接济。

我姐姐和姐夫给他找过一些工作，但他都无法长期做下去。他们支持过他在体育方面的兴趣，但是并没有纵容他，而现在他们无计可施了。

丹尼也的确有一些优点。他既不酗酒也不吸毒。不过，他曾经虐待过我姐姐的狗和马。人们总是看见他对它们拳打脚踢。

怎么才能教化这个男孩呢？我们害怕如果不采取什么措施，他会走上犯罪的道路。

饱受困扰的弗吉尼亚

亲爱的弗吉尼亚：如果一个22岁的年轻人能够依靠亲戚养活而又不用付租金，那么他为什么要去工作呢？显而易见，丹尼是被宠坏了。

他是一个愤怒、烦恼的年轻人，他的生活将会变得一团糟，除非他愿意接受心理治疗并且正视自己。这需要付出很大的努力，但获得的回报是值得的。他下一步要做的事情就是获得高中文凭。

给他看看这个专栏，告诉他如果他想写信，我会很高兴收到他的来信。

——安·兰德斯，《民主党报》，1991年1月8日

我不知道，“饱受困扰的弗吉尼亚”的姐姐所面对的“男孩”是否心理变态。但是如果的确如此，那么对于社会上的门外汉来说，很难再找出其他更具有代表性的回答了：不要再放纵他了，送他去接受治疗，你甚至可以强烈要求他给安·兰德斯写信。

这是一个善意的做法，大多数经济宽裕的人都会倾向于采取这种做法。但是如果出现问题的个体符合心理变态的诊断标准，那么这种方法注定会失败，除非环境、治疗师——还有患者——确实都非常特殊。

二十多年以前，在一本针对心理学家和精神病医生的书中，我这样写道：

除了少数例外，传统的心理治疗方法，包括精神分析、团体治疗、以人为中心疗法以及心理剧等，都已被证明在心理变态的治疗中是无效的。生物疗法，包括精神外科手术、电击疗法和各种药物治疗，效果也好不到哪里去。

撰写本书时已是1993年的上半年，而治疗的相关情形基本上与以前一样，保持不变。实际上，就这一问题，许多作家评论说，在任何一本有关心理变态的著作中，最短的章节都是治疗部分。在相关文献的综述中，常常可以见到结尾的一句结论是诸如“尚未发现有效的治疗方法”，或者“无计可施”之类。

然而，随着我们的社会机构不断遭到犯罪率猛增的威胁，随着我们的法律、心理健康和司法系统负担过重几近瘫痪，我们必须继续寻求各种方法，以减少心理变态者对社会造成的巨大影响。

按照临床医生通常的描述，心理变态者强大的心理防御机制有效地驱赶了焦虑和恐惧。实验室研究支持了这一观点，并且表明他们应对压力的能力可能具有一种生物基础。听上去心理变态者似乎令人感到嫉妒。不过，消极的一面则是勇敢无畏和草率莽撞之间的界限模糊不清：心理变态者总是会惹上麻烦，这在很大程度上是因为他们的行为不是出于焦虑或者受到危险警告线索所激发。就像那些在室内也戴着墨镜的人一样，他们看上去“很酷”，但是同时却错过了身边发生的许多事情。

近来一些尤其令人毛骨悚然的案例变得广为人知，这些人在极端恐怖的情境中还能保持冷静。杰弗里·达莫，一个犯下滔天罪行的密尔沃基人，其罪行包括连环杀人、分尸、食人肉等，他从容不迫、思路严密地说服警察相信，从他公寓里逃出来的那个满身是血的裸体少年实际上是自己已成年的爱人，是他自愿同达莫在一起的。达莫编造故事说，他们两个只是发生了爱人之间的争执，于是警察离开了，显然相信了他的话，而把那个男孩继续留在了达莫的魔爪之中。就在警察走后不久，达莫就杀害了那个男孩。在审判中，他对15桩谋杀案供认不讳，但辩称自己神志不清（陪审团发现他神志清醒），而其他一些侥幸逃脱的证据也浮现出来。例如，《联合报业》报道说（1992年2月11日），有一次达莫在路上被警察拦住了，当时他正开车将第一个受害者的尸体送到垃圾场去。当警察的手电筒照到装着尸体的塑料袋时，达莫镇静地说自己由于父母离婚而感到很沮丧，他打算扔些没用的东西到垃圾场去，顺便在深夜里兜兜风。于是他被放行了。

为何没有解决之道

心理治疗的一个基本假设是，患者需要并希望得到一些帮助，以解决令人困扰或痛苦的心理和情绪问题：焦虑、抑郁、低自尊、害羞、各种烦恼、冲动行为，仅列举这些就够了。成功的治疗同样还要求患者与治疗师积极配合，共同寻找消除其症状的方法。简而言之，患者必须认识到出现了问题，并且必须想要为此作出一些努力。

问题的关键在于：心理变态者并不觉得自己有心理或情绪问题，他们不明白为什么要改变自己的行为，以遵守那些他们并不认同的社会规范。

说得更详细一点，心理变态者一般都对自己及其内心世界感到非常满意，尽管在旁观者眼中它阴暗无比。他们不会觉得自己有任何不对之处，几乎体验不到他人的痛苦。心理变态者认为自己的行为充满理性、值得称赞、令人满意；他们永远不会后悔过去或者担忧未来。他们认为自己高人一等，而在这个充满敌意、狗咬狗的世界里，其他人都在为权力和资源而彼此竞争。心理变态者认为，为了自己的“权利”而操纵和欺骗他人是正当合理的，他们进行社会交往的目的就是挫败他人居心叵测的念头。如果知道了心理变态者的这些想法，那么大多数心理治疗方法在他们身上效果不佳也就不足为奇了。

其他一些原因也导致了心理变态者不适合进行心理治疗。我们来看看以下这些：

- 心理变态者不是“脆弱”的个体。他们的想法与行为都是一种坚若磐石的人格结构的体现，而这种人格结构极其不易受到外界的影响。等到接受正式治疗的时候，他们的态度和行为模式已经根深蒂固了，即使在最佳环境中也难以略有改变。

● 许多心理变态者受到了善意的家庭成员或朋友的保护，从而不必承担其行为所导致的后果，其行为没有受到相应的阻止或惩罚。还有一些人能够驾轻就熟地在人生道路上顺利前行，而不会给自己带来太大麻烦。即使有些人因为其违法行为而被抓住、受到惩罚，他们的典型做法就是责备社会体制、他人、命运——除了他们自己以外的所有一切——为自己身处困境而开脱。许多人仅仅只是享受自己的生活方式。

● 与其他人不同，心理变态者不会主动寻求帮助。相反，他们是受绝望的家庭成员的逼迫才来进行治疗的，或是因为申请假释而接受治疗。

● 一旦接受治疗，他们通常只不过是走走过场罢了。他们无法体验到亲密情感，也无力进行大多数治疗师力求达到的深层探索。对于心理变态者而言，在成功治疗中至关重要的人际关系毫无内在价值。

以下是一名精神病医生对心理变态者——他称之为社会变态者——的沮丧描述：

社会变态者丝毫不想改变，认为审视自己不过是借口，他们不思考未来，憎恨一切权威，包括治疗师，认为病人的角色很可怜，厌恶处于低下的位置，认为治疗很可笑，而治疗师不过是受欺骗、受威胁、受哄骗、受利用的对象。

治疗师希望患者审视自己、获得解脱，但这是不可能的。心理变态者的典型想法是陪着心理治疗师从头玩到尾，而许多治疗师也非常乐意让他们这样做。

● 大多数治疗只不过是为心理变态者提供了新的借口，为其行为进行开脱，同时也使他们更加认识到人类的脆弱。他们可能会学到一些更好的新方法去操纵他人，但几乎不会试图去改变自己的想法和态度，或者去理解他人也有需要、感情和权利。特别是，试图教会心理变态者如何“真正去感受到”悔恨或共情的各种尝试注定会失败。

这些引人深思的结论既适用于个体治疗，即治疗师与患者进行一对一的互动，同时也适用于团体治疗，即不同问题的人们试图向他人学习，并形成各种新的方法来思考和感受自己与他人。

● 正如我在前文所指出的那样，心理变态者常常会主导个体和团体治疗的整个过程，将他们自己的观点和解释强加于其他成员之上。例如，一位监狱治疗计划小组的领导者曾经谈及一名在“心理变态核查表”上得分非常高的服刑人员，他说：“不是他提起的话题，他闭口不谈。他不喜欢正视或者质疑自己的行为……他拒绝讨论自己是如何妨碍了交流并且控制了治疗小组，他总是滔滔不绝地自言自语，试图回避对自身行为的讨论。”不过，接下来精神病医生又写道：“我敢肯定他有所进步。他承认自己应该对其行为负责。”而另一位心理学家写道：“他的进步很大……他表现得更加关心他人，也放弃了许多犯罪的念头。”在作出这些乐观评价两年之后，一名女研究生参加了我的研究项目并对这位患者进行了访谈。她说他是自己遇见过的最可怕的罪犯，他公然吹嘘自己如何把监狱工作人员玩弄于股掌之间，使他们相信他正在改过自新。“不能相信这些家伙，”他说，“谁发给他们执照的？他们给我的狗做精神分析都不配！它会像我一样在他们身上拉屎。”

一个40岁的男人在三个国家面临诈骗、伪造和偷窃等55项指控，他试图躲过被加拿大政府驱逐出境的命运，理由是与一位76岁失明老妇的友谊已经让他悔过自新了。在1985年的一份精神病报告中，这个男人被描述为“一如既往地令人愉悦、彬彬有礼、聪明敏锐、魅力迷人”，但同样也是一名“人格障碍严重”的病态说谎者。入境事务处的律师称他是一个“能把死人说活的病态说谎者”，“长期说谎的骗子……真假难辨”，还是一个老道的操纵者。这位律师指出，该男子备受争议，20世纪80年代晚期他从美国监狱获得假释，在违反了假释条例后又逃往加拿大，来到了温哥华，“在全国各地留下了一张张的空头支票”。转折点是，现在他声称自己已经浪子回头了，因为他在一家基督教静修中心和教堂参加了自我觉知训练，导师就是前文所提及的那位老妇人。他的悔过声明已经不攻自破了，因为目击者证实他还在继续乱开空头支票不付账单。（摘自《温哥华太阳报》1991年3月2日的一篇文章，作者莫伊拉·法罗）

治疗会适得其反

在大多数监狱和法庭指定的治疗机构中，某种形式的团体治疗是一个重要的组成部分。有时候团体治疗是依托于一种“治疗团队”的活动，在这种治疗活动中，囚犯或患者要为自己的人生道路负责。监狱工作人员是团队中的一部分，他们接受过专业训练，关注患者的需要和能力，以人道的方式对待、尊重患者。在设备和人员方面，这些治疗活动的规模都比较大，花费也很多，对大多数囚犯的治疗效果比较理想。不过它们对心理变态者却无济于事。

近期的研究为这一极端结论提供了证据，这些研究考察了接受团队治疗的罪犯患者。在每个案例中，这些患者都接受了“心理变态核查表”的评估。

- 一项研究发现，心理变态者缺乏改善其行为的动机，治疗半途而废，并且从治疗中获益甚少。获得释放后，比起其他患者，他们重回监狱的比例要高得多。
- 另一项研究发现，比起其他患者，接受团队治疗后获释的心理变态者出现暴力犯罪行为的可能性几乎是前者的4倍。然而治疗不仅对心理变态者丝毫不起作用，实际上还会使他们变得更糟！比起参加过治疗的心理变态者，没有参加过治疗的心理变态者获释之后的暴力性反而更低。

乍一看，这个发现显得非常荒诞怪异。心理治疗怎么会使人变得更糟呢？但是对于这些治疗师来说，这一发现丝毫不令人意外。他们报告说，心理变态者常常会控制治疗的进程，总是与小组领导者和其他患者玩“猫捉老鼠”的游戏。“你的问题在于，你强奸别人是因为你母亲对你的所作所为使你在无意识中要去惩罚她们。”心理变态者向其他患者卖弄说。与此同时，他却不怎么分析自己的行为。

不幸的是，这种治疗只是为心理变态者提供了更好的方法来操纵、欺骗和利用他人。正如一名心理变态者所言：“这些治疗活动就像一所女子精修学校。它们教你怎样去压榨别人。”

它们同时还为心理变态者提供了大量的借口，为其行为进行解释和开脱。“我小时候曾经遭到过虐待”或者“我从来都不知道怎样去感受真实的内心世界”。这种透过现象看本质的解释是如此苍白无力，但是对于那些相信这些话的人来说，它们听上去合情合理。常常令我感到震惊的是，一些专家怎么会如此轻而易举地听信这些话。

对于老练的心理变态者来说，说服他人相信他们已经洗心革面的途径并不仅仅只有团体治疗和治疗团体的各项活动。他们常常还会利用监狱为了提高罪犯教育水平而开设的各种课程。心理学、社会学、犯罪学都非常受欢迎。与那些服务于治疗的活动一样，这些活动可能会使心理变态者对人际交往和情绪过程的一些术语和概念——流行语——有肤浅的认识和理解，但是这会让心理变态者有机会使那些易于轻信的人相信，他们已经洗心革面或者“重获新生”。

青少年心理变态者

从逻辑上来讲，减少成年心理变态者对社会恶劣影响的最佳方式是尽早干预。然而，迄今为止，这些尝试都不太成功。对治疗活动进行了广泛深入的回顾之后，社会学家威廉・麦科德得出结论说，“试图帮助心理变态者摆脱其早期生活模式的各种尝试”一般都不成功。不过，他认为有些治疗活动还是让人们看到了某种希望，在这些治疗中，个体的社会与物理环境完全发生了改变，治疗机构的整个资源都被利用了起来，以促使心理变态者态度和行为发生根本性的变化。但是根据麦科德的详细描述，类似治疗活动的一个结果却发人深思。尽管在治疗当中以及治疗结束以后，青少年心理变态者的态度与行为似乎得到了改善，但是当他们长大成人之后，治疗效果却随之消失了。

随着我们对心理变态的根源有了更多了解，这种情况或许会改变。此外，心理学家已经发展出了一些治疗方法，对于那些出现了各类行为问题的儿童与成人，这些治疗方法可以非常成功地改变他们的态度与行为。在这些治疗方法中，许多不仅只针对儿童本身，同时还涉及了问题发生的家庭和社会背景。

如果在非常年幼时就实施干预，那么对于“萌芽中的心理变态者”，有些这样的治疗活动可能会有助于矫正其行为模式。

另一个引人深思的问题

事实上，有关心理变态治疗效果的证据，全部都是基于对罪犯人群的治疗。在这些治疗活动中，许多都较为深入，经过了深思熟虑，并且实施条件也相当良好。即便如此，它们仍然疗效不佳。

即使某次治疗曾经有效地改变了心理变态者的态度与行为，但是对于成千上万的、没有遭到拘禁或接受强制性治疗的心理变态者来说，这一治疗是无法推广普及的。混迹于人群中的任何一个心理变态者愿意接受这种治疗的可能性也微乎其微，而社会也毫无办法去迫使他们接受治疗。

偶尔会有案例报告或各种传闻轶事声称，某种特殊的治疗过程对心理变态者有效。例如，过去几年中，有人告诉我说，他们已经成功地使身边心理变态者的行为大有改观。他们不理解，我为什么没有对此备感欢欣鼓舞。

或许他们确实在治疗方面取得了重大突破，但是无法证明事实就如同他们所以为的那样。接受治疗的人的确心理变态吗？他的行为出现了改善是在中年时期吗？一些心理变态者的行为在中年时期“自发性地”就会出现改善。这个人的行为在治疗之前是怎样的呢？而且我们怎么知道改变的就是“心理变态者”呢？许多人对心理变态者的应对方式发生了变化，而他们却把它与心理变态者的行为改善混为了一谈。

例如，一位女士的丈夫是心理变态者，她可能会说他没有以前那么坏了。但事情的真相却可能是，她已经学会了如何应对相关问题，比如对问题视而不见，或者加倍地努力工作，从而满足他的需求。她可能埋没了自己的人格并牺牲了自己的需要和期望，以此来减少夫妻之间的冲突和紧张。

有人宣称可以有效地治疗心理变态者，对此我们不会轻易相信，除非它们是基于严格控制的实证研究。

我们应该就此放弃吗?

尽管已有证据令人沮丧，但是在下结论说心理变态者无药可救，我们对其束手无策之前，还有几个问题需要考虑。

- 首先，尽管针对这种人的治疗成百上千，人们也尝试了各种各样的方法和技术，但是只有为数不多的治疗在科学性和方法论上符合可以接受的标准。这一点非常重要，因为这意味着我们得出结论所依据的证据并不十分可靠。这适用于以下两种情况：其一，大多数报告都说某一特定治疗效果不佳；其二，偶尔也会有报告说有一定效果。我们所了解的情况大多数来自临床经验、个案研究、在诊断和方法论上都存在缺陷的治疗以及不当的治疗评估。实际上，有关心理变态治疗的资料现状十分令人不安。

或许在阅读相关治疗文献时，最令人感到沮丧的就是，诊断过程通常是毫不适当或者含糊不清的，以致根本无法判断某个治疗对象究竟是不是心理变态者。

在对治疗效果或过程进行评估时，另一个多次出现的问题是，没有仔细挑选控制组或比较组。我们知道，许多心理变态者的行为会随着年龄的增长而改善，因此重要的是，我们必须弄清楚在多大程度上，某个治疗活动所带来的改变是随着年龄而“自然”或“自发”出现的。

● 其次，只有为数不多的治疗是专门针对心理变态者的，很多治疗都不得不考虑到管理、政府，以及公共政策方面的诸多问题，以致它们很快就背离了初衷。事实上，针对心理变态者的治疗，我们还需要设计出构思严密、符合方法论要求的方案，将其付诸实施并进行评估。

● 最后，我们治疗心理变态者的一些努力可能没有用对地方。治疗这一术语意味着有某种东西需要接受治疗：疾病、痛苦、不适行为，诸如此类。但是，就目前为止我们可以肯定的是，心理变态者对自己十分满意，他们丝毫不觉得自己需要接受治疗，至少从该术语的传统意义上来说是如此。如果有人认为自己非常正常、富有理性，而有人却对自己很不满意，那么改变后者的态度和行为则要容易得多。

但是心理变态者的行为难道不是适应不良吗？答案是，虽然对于社会而言，他们的行为适应不良，但是对他们自己而言却并非如此。如果我们要求心理变态者改变他们的行为以符合我们的期望和规范，那么我们可能正在要求他们做违背其“本性”的事情。他们可能会听从我们的要求，但那也只是在它完全符合其利益的时候。要想心理变态者改变其行为，在设计治疗程序时就必须要考虑到这一点，否则注定会以失败告终。

“每个人都言之凿凿地说心理变态者无法治愈，这是胡说八道。”约瑟夫·弗雷德里克斯说道。他是一名同性恋、恋童癖者，有长期暴力史，其中包括杀死一名11岁的男孩。“心理变态者像其他任何人一样也是人。他们之所以心理变态，是因为他们比其他人更敏感……他们不能忍受任何形式的痛苦，这正是他们逃避它的原因。”他说。(《加拿大新闻》, 1992年9月22日)

一种新的治疗方案

加拿大政府已经迫切感到，需要寻找新的方法来应对心理变态者的犯罪，也意识到了人们对于传统的治疗方法普遍持悲观态度，因此最近他们交给了我一个富有挑战性的任务，即针对罪犯，设计一个实验性的治疗方案。出于两个原因我接受了这一挑战：第一，正如我在前文所指出的那样，已有的治疗通常在某些方面存在缺陷，没有任何一个治疗牢固扎根于最新的理论、研究、临床和修正经验的发现。第二，显然我们迫切需要一些治疗程序，以降低心理变态者以及其他罪犯出现暴力行为的可能性，不论是在狱中还是被释放到社会上以后。

我召集了心理变态、精神病学、犯罪学、改造治疗、治疗方案设计和评价方面的国际专家，组成了一个小组。我们召开了几次会议，决定将重点放在易于出现暴力行为的心理变态者和其他罪犯身上，并且经过仔细斟酌后，设计出了一个示范治疗方案的大致框架，我们认为它获得成功的可能性比较大。政府最近已经决定尝试施行这个方案，并且正在采取行动，在一家联邦机构中建立实验基地。

尽管不可能在本书中详细地描述这一方案，但是可以大概列举出一些原则。在很大程度上，这些原理是基于以下观点，即大多数改造方案的前提条件——不知出于什么原因，多数罪犯都有些偏离正常轨道，只需将他们进行再社会化即可——并不适用于心理变态者。从社会的角度来说，心理变态者从来都不曾走上过正轨，他们只是跟随着自己的旋律而翩翩起舞。

这就意味着，针对心理变态者的治疗方案会较少关注发展同理心或良心，而是作出大量努力来说服他们相信，他们现在的态度和行为对其自身并没有好处，他们自己必须为其行为承担责任。与此同时，我们会尝试告诉他们如何以社会允许的方式，运用其力量和能力来满足自己的需要。

治疗方案的实施必须受到严格的控制和监督，同时也必须使被试明确地知道，违反治疗、机构和社会各项制度的后果会如何。治疗同样也会利用或者寻找各种途径，以促进一些心理变态者在进入中年之后“自发”地出现一些改善。

在这一方案中，机构的作用是当这些心理变态的罪犯回归社会以后，对其进行严密监管。

该方案的设计允许对各种治疗方式或因素进行实证评估（对于特定个体，什么起作用而什么不起作用）。一些方式可能对心理变态者有效，但对其他罪犯不起作用，反过来同样如此。我们会把参与治疗的被试与仔细选择的控制组（未接受治疗组）的罪犯进行比较。

由于司法机构的需求在不断改变，迫于政治上的压力以及社会团体的关注，这类治疗方案将会比较昂贵，并且通常有夭折的风险。很有可能，最好的结果不过是有中等疗效。然而，如果我们不这样做，而是耗费巨资把暴力性强的罪犯一直关押在监狱中，或者冒着风险释放他们，那么这两个选择实在都不怎么好。

如果无计可施，那么下一步呢？

如果你正面对的是一个真正的心理变态者，那么有一点很重要，即认识到当前我们对其态度与行为发生较大改善的预后是很难实现的。即使以上所描述的心理治疗实验取得了丰硕成果，但是对于在监狱服刑的或者应受严格管制的心理变态者，它不会有太大作用。

如果你与心理变态者共同生活或者你的配偶是心理变态者，那么你也许已经在怀疑，事情是否真的会好转起来？你可能会觉得自己被牢牢拴住了，无法使自己或他人——尤其是孩子——安然逃脱出来。如果一名女性与控制占有欲强的心理变态男子住在一起，那么问题就会格外棘手——并且危险。许多女性可能会想，“如果我改变自己，那也许情况会变得好一些。我可以付出更多努力，不去理会他，更包容一些，作出更多让步”。然而，日益增加的有关虐待配偶的文献资料证明，这些改变很少能起到任何作用，它们只会让问题变得更糟，并一直得不到解决。

当然，最佳对策是从一开始就避免与心理变态者纠缠不清。显然，说起来容易做起来难。但是，你可以采取某些行动来保护自己。如果它们都没有用，那么你唯一能够做的就是尽量减少自己受到的伤害。下一章提供了一些切实可行的建议，告诉我们如何保护自己、减少损失。

第13章

保全之策

警察告诉我们，不怕贼来偷，就怕贼惦记。不过，他们还说，了解盗窃过程、知道一些常识、时刻保持警惕，或者养一只看家护院的狗，都能够降低被盗的风险。同样，尽管在心理变态者居心叵测的阴谋中，没人能够幸免于难，但是你可以采取一些行动使自己不那么容易上当受骗。

保护你自己

● 知道你正面对的是什么。这听上去容易但做起来难。尽管本书会对你有所帮助，但是即便读尽天下书，也不能使你免受心理变态者的伤害。每个人，包括专家，都可能会遭到心理变态者的哄骗、利用、操纵、欺诈，最后不知所措。高超的心理变态者能够拨动任何人的心弦。

心理变态者存在于社会的各个角落，很有可能你最终会遇到这么一个，度过一段痛苦而不堪回首的日子。最好的防御就是了解这些弱肉强食者的本性。

● 不要被“迷人的外表”所迷惑。心理变态者通常表现出迷人的微笑、充满魅力的肢体语言、滔滔不绝的口才，要想摆脱他们并非易事，所有这些都是为了使我们忽视其内心的真正紧张。不过有些方法值得一试。例如，不要过于关注对方异乎寻常吸引人的特点——光彩夺目的外表、强大的气场、过分的彬彬有礼、令人着迷的声音、滔滔不绝的口才，等等。任何一个这样的特征都具有巨大的迷惑性，使你不去注意个体的真实信息。

很多人难以面对心理变态者强烈而无情或者“掠夺般”的眼神。正常人出于各种原因会与他人保持密切的眼神接触，但是心理变态者目不转睛的注视与其说是一种感兴趣或亲切关怀的表现，倒不如说是一种自我满足和施加力量的前奏。

有些人对心理变态者冷漠无情的注视感到如芒在背，他们感觉自己就像捕食者眼中的猎物。另外有些人则可能在不知不觉中，完全被震慑或征服，甚至可能被控制住。无论这种注视的心理学含义是什么，显然，对于某些心理变态者来说，密切的眼神接触是操纵控制他人的一种重要能力。

下次当你发现对方的一些非言语行为或小动作——紧盯的眼神接触、夸张的手势、“表演式的动作”等——完全吸引了你的注意力时，你可以闭上眼睛或者看其他地方，并仔细地倾听他在说些什么。

眼睛真是“心灵的窗户”吗？许多人相信这句话。事实上尽管眼睛非常容易误导我们对他人内心世界的判断，但是它们仍然可以传递一些信息，尤其当它们传递出的信息与个体的面部表情和言语行为不一致的时候。“当眼睛说的是一回事，而嘴巴说的又是另外一回事的时候，有经验的人会相信眼睛。”这是许多人乐于引用的格言之一。

一位熟人告诉我她曾经遇到一个“爱情骗子”，那个男人骗取了她的爱，然后利用它在感情上控制折磨她。“我发现自己很难正视他的眼睛，因为它们让我琢磨不透。我不知道它们的背后是什么，它们没有告诉我他正在想些什么，打算做什么。”她说。

虽然临床上随处可见有关心理变态者空洞眼神的轶事，但是最栩栩如生的描述还是在真正的犯罪类书籍中，它们描述了心理变态者的注视有时候究竟会怎样地令人如坐针毡。例如，在《最后的狂怒》一书中，加里·蒂森是已被判刑的杀人犯，却成功地操纵了监狱系统，并在儿子们的帮助下逃脱了，随后继续疯狂杀人。该书的作者詹姆斯·克拉克对他描述如下：

> 但是加里最醒目的身体特征——大多数人都会注意到并且永生难忘的——是他那深陷而空洞的眼神。似乎他的眼神与其表达的任何情绪毫不相干。无论心情如何——愤怒、高兴，或者处于二者之间——他的眼神都一成不变，空虚无物。注视着加里的眼睛，你无法知道他内心的真实想法或情感……他的注视似乎像要把人钉住、令人不安，带有强烈的敌意。加里留给人们最深刻的印象就是那双冷漠无情的眼睛。（第4页）

约瑟夫·温伯的著作《黑暗中的回声》讲述的是威廉·布拉德菲尔德与杰·史密斯的故事，这两名高中教师被判定（前者于1983年，后者于1986年）杀死了一名同事和她的两个孩子。书中多次提到了这两个人的眼睛。例如，温伯在谈及布拉德菲尔德时写道：

> 他有一双似乎在沉思的蓝眼睛……他强烈的注视几乎要把人钉住，即使在他心情不同时，人们对他那双蓝色眼睛的描述也是各种各样的："诗一般的""冷酷无情的""催眠般的"。一位同事报告说"他那双锐利的蓝色眼睛令人胆寒。他那强烈的注视有时候令人毛骨悚然"。一位联邦探员曾经告诉瑞克·吉达（检察官），布拉德菲尔德的注视让自己吓得不禁连退两步。他就这样紧盯着瑞克·吉达。他的注视让吉达感到害怕。实际上吉达被击败了，他坐了下来，逗起了小狗……当布拉德菲尔德将视线转向另一位警官杰克·霍尔茨时，后者同样也紧盯着他，说道："这种把戏只对知识分子起作用。"

温伯对杰·史密斯的描述同样也很有趣，后者最近刚被宾夕法尼亚高级法院依照程序释放出来。史密斯的秘书说：

> "你在一生中从未见过这样一双眼睛。它们毫无感情。你可能会认为自己认识一些双眼冰冷如鱼眼的人，但是他的眼睛与众不同。"

温伯评论说："它们并非鱼眼。后来的新闻记者总是特别爱提到它们。有人将它们称为'爬行动物的眼睛'，但是这同样也不准确。"随后他说所有老师都"难以描述这位校长的眼睛。他们想到了'两栖动物的眼睛'，但是这仍然不准确"。

温伯说史密斯的秘书最终想到了他的眼睛像什么。"不是鱼，也不是爬行动物……而是山羊的眼睛！"……"我的朋友，那是撒旦的样子。"一位老师这样说。(第18页)

正如那位老师所说的那样，我们能够从他的眼睛里看出他是魔鬼的化身吗？当现实生活或虚构故事中的连环杀人犯——泰德·邦迪或汉尼拔·莱克特——犯下了令人不齿的罪行时，他们都令人难以相信。不过，心理变态者——包括少数杀人和使人致残的罪犯——的行为可能是源自对他人的情感或幸福毫不在乎，而不是完全出于邪恶。他们的眼睛就像冰冷无情的食肉动物，而不是撒旦。

虽然这类轶事或案例引人入胜，但是不能由此就错误地相信，我们能够通过眼睛来判断一个人是否心理变态。他人的眼睛太容易误导我们了，使我们对其性格、意图或真诚作出错误的判断，相信它们会带来灾难。

● 不要戴有色眼镜。与陌生人建立关系时请睁大你的眼睛。与我们一样，大多数经验老到的心理变态者和"爱情骗子"最初都会展现自己光鲜的一面，以掩盖自己的阴暗。但是他们随后就会利用社会交往赖以进行的信任来达到目的，而我们也不可能对他们的言行时刻保持警惕。与此相应的是，他们通常会用花言巧语、虚伪的关心与仁慈、编造的经济和社会地位来哄骗受害者。他们可能很快就会露出马脚，但是一旦陷入他们编造的欺骗控制陷阱，就很难不在经济、感情上遭到伤害而安然抽身。

来自警方与消费者组织的建议都告诉我们，如果某人或某物似乎太过完美而显得不真实，那么就要特别注意了。这是个不错的建议，采纳该建议会帮助你避开心理变态者潜在的致命陷阱。至少你应该花点时间去考察一下任何似乎对你的经济或感情状况感兴趣的新朋友。我并不是建议你去雇佣一名私人侦探，调查你在聚会或酒吧遇见的每一个人，而是说如果你心生质疑的话，询问一下那个人关于他或她的朋友、家庭、亲戚、职业、住址、计划，等等。心理变态者对各种个人生活问题的回答通常都是含糊其词、推诿逃避，或者前后矛盾的。对于这种回答要保持警惕，并且想办法予以证实。

有时候这样做易如反掌。例如，几年前我认识的一位女士爱上了一个在教堂见到的男士。他看上去拥有无可挑剔的各种证书，声称自己在东方一所知名大学获得了经济管理学证书。她打算大量投资他主导的一项商业项目。当我遇见他时，我告诉他我们毕业于同一所大学，但他对自己的求学经历避而不谈，总是设法转移话题。我开始产生怀疑，并作了调查，结果发现他从未就读于那所大学。进一步的调查表明，他是个遭到多国通缉的诈骗犯。他逃之夭夭了，我那位朋友的美梦也破灭了，她认为我粉碎了她的幻想，非常生我的气。

● 在高风险情境中保持警惕。有些情境简直就是为心理变态者量身定制的：单身酒吧、社交俱乐部、度假胜地、轮船旅行、异国机场，诸如此类。无一例外，潜在的受害者都是单身一人，他们渴望度过一段美好时光，渴望感受激情或者有人陪伴左右，而通常都会有人乐意满足他们的这些愿望，不过却要付出代价。

单身旅客是心理变态者最偏好的目标，他们看上去是如此失落，在异国他乡的机场或度假胜地显得孤独凄凉。例如，我认识一位职业女性，她在欧洲待了几周后感到疲惫不堪、孤独寂寞，非常想家。她在里斯本机场结识了一位好心的男士。他伪装成走私案秘密调查员，成功地赢得了她的信任，并请求她帮助自己进行调查。在接下来的几个星期里，他们出双入对，游遍了整个欧洲，花掉了她信用卡上大量的钱。当她最终开始产生怀疑时，他一脚把她给踹了。在事后回忆时，她说整件事情似乎太荒诞了，但是当时她却没有觉察出任何问题。“我那时疲惫不堪，又很痛苦，而他却是那么善解人意、关怀备至。”

● 了解你自己。心理变态者善于发现并且无情地利用他人的弱点，能够敏锐地找到那个正确的按钮。最好的防御方式就是知道自己的弱点，并对那些触碰它们的人保持高度警惕。比起那些不了解你的弱点或者不曲意迎合的人，对这些人作出判断时要更加审慎。

如果你很喜欢听阿谀奉承之词，那么你浑身上下都会写满这一点，而对于每个正在肆无忌惮地寻找下一个受害者的心理变态者来说，这就是再明显不过的邀请了。沉浸于阿谀奉承之中就如同长时间地晒太阳，它们刚开始令人愉悦，但最后却会让你伤痛不已。

如果你的灵魂有点罪恶感，那么你尤其容易陷入阴暗的陷阱。孤独的有钱人极易成为心理变态者的囊中之物。

了解自己常常并不那么容易。自我反省、与家人或朋友坦诚讨论以及作专业咨询都可能会有所帮助。

伤害的控制

不幸的是，即便小心翼翼地加倍防范，也无法确保你不成为心理变态者的囊中之物。在有些情况下，情势超出了你的控制，如果你与心理变态者具有“近在咫尺的”经济联系，通常就会如此。许多欺诈、骗局就是经常发生在银行、经纪公司、借贷机构、退休基金。个人投资者在日常操作中没有发言权，虽然他们毫无过错却会白白损失钱财。例如，最近有位心烦不已的高中咨询师告诉我说，老师们把自己的退休基金委托给了一位投资经纪人进行管理，而这位经纪人“损失了”好几百万美元。这名咨询师损失了数十万美元，这并非他不小心谨慎，而是因为负责寻找可靠投资经纪人的官方机构被一个老练的心理变态者蒙骗了。

司法心理学家J.里德·梅洛伊讲述了自己在一次招聘面试时是如何走入了一位求职者的陷阱，后来他最终发现那位求职者的整个履历完全是捏造的。“面试进行得相当顺利，”梅洛伊在电话采访中说道，“这个家伙给我留下了非常深刻的印象，我简直猜不出来他到底有多聪明。在我们的交流中，他随口说出了一个术语，正是这个术语让我清醒地意识到，‘天哪！这家伙真是太聪明了。我为什么想把这份工作给他呢？’我用了一些时间——长得超出了我想象——才发现他在引用我最近写作并出版的几篇论文。的确，他给我留下了深刻的印象，但他凭借的是什么呢？凭借的是我自己的聪明才智——是我自己深思熟虑过的一些想法。一般人可能会说，‘我看过你的论文，认为不过如此’。但是这个家伙——最后发现他是个不折不扣的骗子——具有一种直觉，他能够准确抓住我的弱点，让我对他言听计从。对他而言，面试是一个施行骗术的大好机会。”（私人交流，1991年4月）

或许最令人心痛的就是那些无所适从、几近疯狂的父母，他们想尽一切办法试图帮助自己心理变态的孩子。几乎同样痛苦不堪的还有那些心理变态者的配偶，他们坚持不懈地寻求各种应对之法。在这些情况下，就正如心理变态者处心积虑地想要闯入你的感情世界时一样，你所能做的一切就是尽量将伤害降低到最小。对于大多数人而言，做到这一点并不容易，但是一些建议可能会有所帮助：

● 听取专业建议。我接到过很多相关人士的电话，他们认为自己的丈夫、妻子、孩子或朋友是心理变态者，希望得到我的建议，告诉他们该怎样做。在这种情况下我无法提出建议。如果一位博学的临床治疗师要对心理变态者进行准确的诊断，那么他需要时间，还需要大量可靠的信息，包括与个体进行访谈，以及通过各种途径获得的其他确凿资料。

确保你所咨询的治疗师熟悉心理变态的相关文献资料，并且具有丰富的应对经验，其专业背景最好是与家庭疗法和干预相关的。如果可能的话，尽可能听取各种建议。这个过程可能让人备感挫折。无数次地，有人打电话给我，通常是无计可施的妻子或父母，述说着自己不断徒劳无功地试图让某个人——任何人——明白问题是什么，可是他们甚至都无法让他人相信问题的确存在。

迈阿密的一位女士给我打的电话就很典型，她在报纸上看到了我的文章，认为自己的丈夫非常符合文中所说的心理变态者的特点。根据她对他的描述，很有可能她是对的。十多年来，她一直都在寻求专业人士的帮助，最初是与家庭医生合作，后来又去找了心理学家和精神病医生，但是这一切都无济于事。问题在于，她的丈夫总是表现得道貌岸然，很少有人相信她说的话。这些治疗师都无法看穿其丈夫充满魅力、令人信服的外表之下的假象。这个可怜的女人开始相信，真正有问题的是她自己。

即便确诊以后，你的麻烦还远未结束。接下来该怎么办则取决于你的特殊情况，你应该找一位在心理变态治疗方面经验丰富的专业人士，在他的帮助下制订一份计划。全国精神病学与心理学的各个组织通常都会提供一份可供推荐的治疗师名单。你也可以去找当地的心理健康机构，还有大学里的咨询中心。

● 不要责备自己。无论出于什么原因，你与心理变态者扯上了关系，重要的是你不要为他或她的态度与行为而责备自己。在与任何人的游戏中，心理变态者都遵循着相同的规则——他们自己的规则。当然，你自己的人格和行为将会影响你与他人之间的互动特点。例如，一位挺身反抗的女性可能会遭到打骂，而一位服从温顺的女性却可能会终其一生都在猜测，自己的丈夫又到哪里寻花问柳去了；第三位女性则可能在问题出现端倪时就摆脱了出来，与他一刀两断。在以上各种情况下，最根本的问题在于她们一开始就碰上了心理变态的丈夫。

与此类似，心理变态者的父母总是不停地责备自己，认为是自己教育不当才导致了子女的问题。很难说服这些父母相信，事实上他们毫无过错。我要重申的是，也许他们使情况有所改善或者恶化，但是没有证据表明父母的行为导致了子女的心理变态。

● 意识到谁是受害者。心理变态者常常给我们一种印象，他们才是真正痛苦的一方，受害人应该为心理变态者的不幸而受到谴责。但是实际上心理变态者承受的痛苦要比作为受害人的你少得多，其中原因多种多样。不要在他们身上浪费你的同情，他们的烦恼和你的烦恼存在根本性的不同：他们烦恼的根源在于没有得到自己想要的东西，而你的烦恼则是因为在身体、情感或者经济上遭受了重创。

● 认识到你不是在孤军奋战。大多数心理变态者都有很多受害人。给你带来痛苦的心理变态者肯定也给其他人带来了痛苦。找到他们并且交流彼此的经历和信息，这样能够帮助你应对问题，至少它能够证明错的人不是你。任何人都可能会被心理变态者利用，成为受害者并不可耻。也许你很难接受自己刚刚遭受欺骗的事实，羞于向警方报案或者出庭作证。但是你会感到惊讶的是，很多人都与你一样曾经上当受骗过。

- 小心应对与他们的权力斗争。要牢牢记住的是，心理变态者强烈渴望在心理与身体上控制他人。他们必须主宰一切，他们会使用魅力、恐吓、暴力来确保自己的权威。在力量的斗争中，心理变态者通常渴望取得胜利。这并不意味着你不应该为自己的权利而奋起抗争，只是说如果你要维护自己的权利，很有可能会在情感或身体上遭受严重创伤。

在某些情况下，你可以充分利用心理变态者“不惜一切代价取得胜利”的心理特点。例如，在本地的一个案例中，一位女士与其心理变态的前夫就两个孩子的抚养权进行了旷日持久、难分难解的争夺。这位女士的律师了解到那个男人非常危险，他一心只关心打赢官司，实际上却毫不在乎孩子的幸福，于是他建议自己的委托人同意双方共同抚养。这正是她的前夫一直关心的，在他“打赢了这场官司”后，他便对孩子完全失去了兴趣。尽管在本案中，律师采取的策略奏效了，但他还是冒了很大的风险，因为这个男人可能会决定行使共同抚养权，而这样会对孩子造成潜在的灾难性后果。

● 制定明确的基本规则。尽管在心理变态者面前为自己的权利而抗争要冒很大的风险，但是也许你可以制定一些清晰明了的基本规则——既为你自己也为心理变态者——以使你的生活有所改善，并且开始一段艰辛的历程，由受害转变为自己寻找出路。例如，这也许意味着无论在什么情况下，你都不再会为他提供保释。

我认识的一位女士听从了一名所谓“顾问”的花言巧语，在经济上落入了他的操纵和欺骗陷阱之中。每次她去找他时，他都说服她相信，他正在努力解决问题，她很快就会拿回自己投资的那笔钱。最终，她完全绝望了，决定除非有第三方在场或者把一切都写在纸上，否则不再与他讨论任何事情。很快她就清楚地知道，自己的事情毫无进展，于是她开始采取法律措施来拿回属于自己的钱。

当你面对心理变态的儿子或女儿时，合情合理同时明白无误的基本规则——“你要住在这儿就必须怎样做”——也许是你保持理性的唯一途径。这些规则必须清晰明了，并且只要它们有可能产生一丝效果，就必须坚持执行下去。本书就不专门探讨父母教育中的技巧和策略问题了。

● 不要期待发生巨变。在很大程度上，心理变态者的人格就像“石头上的雕刻”。你所做的一切几乎不可能使他们对自己或他人的看法产生根本性的、实质性的改变。他们也许会许诺改变，甚至还可能会在行为上出现短期的转变，但是大多数情况下，如果你相信他们的行为出现了持久的改变，那么你面对的将会是年复一年的失望。尽管一些心理变态者随着年龄的增长，的确会变得“柔和”一些，因此会变得更加易于相处，但是大多数情况下，他们还是一如既往。

心理变态者的父母格外悲惨。他们发疯般地四处寻求帮助和解决之道，却常常发现自己不过是穿梭于各个治疗师或治疗机构之间，很少能够有所收获。不知所措的父母们耗费了大量的精力和钱财，通常结果还是无计可施，无法理解和控制自己的孩子。大多数情况下，他们多年以来饱受挫折，不得不一次次地将自己的儿子或女儿从监狱中保释出来。

• 减少你的损失。心理变态者可能会成功地动摇你的自信心，并且说服你——还有你的朋友们——相信你不值得他们留恋，他们甚至会说你“迷失了”。你作出的妥协越多，就越会被心理变态者所利用，他们对于权力和控制的欲望是永无止境的。

比起徒劳无功地努力去适应无药可救的情形——常常是妥协、认命，或者丧失自尊——更可取的办法是，认识到如果你想使自己的情感和身体免受伤害，那么就要掌控自己的生活。这样做需要技巧——甚至可能会危险重重——因此它需要专业人士提供良好的建议，在临床和法律上都是如此。

当然，如果你是心理变态者的父母，你无法对自己的孩子放任不管。无论预料的结果如何，你都必须与老师、咨询师以及在心理变态儿童的治疗方面经验丰富的治疗师紧密配合。

● 利用援助组织。当你心生疑虑、希望进行关于心理变态的确诊时，你就已经知道自己踏上了一条漫长而崎岖的道路。你要确保自己得到了一切可能的情感支持。

有许多组织和机构都致力于帮助那些犯罪行为的受害者们认清并摆脱自己的困境。大多数情况下，受害者都认识到了自己并不孤单，能够与其他受害者分享自己的经历。例如，在大多数城市中都有危机应对中心和援助机构，它们关注家庭暴力、情感和行为障碍儿童以及受害者的权利。根据问题的性质，一个或多个这样的机构会给你带来实质性的帮助。不过我们真正需要的是那些专门关注心理变态者的受害者的援助性机构。也许本书将有助于促进这类组织的发展。

结 语

在回顾了某一主题的文献资料之后，科学家们通常会在结论中提出，问题还需要进一步研究。出于两个原因，我也同样认为如此。

首先，尽管相关临床研究和推测已经存在了一个多世纪，科学研究也进行了几十年，然而心理变态问题仍然是迷雾重重。新近的一些研究使我们对这种令人困扰的心理疾病有了新的认识，其边界也变得日益清晰明确起来。然而事实却是，比起其他主要的临床疾病，对心理变态的系统研究尚不多见，尽管它给社会带来的痛苦和破坏要比其他所有心理疾病的总和还要多。

其次，比起已经造成破坏之后再收拾残局，加深我们对这种令人困惑的疾病的了解并且寻求有效的早期干预会有意义得多。我们可以做的是，当心理变态者承认自己对社会造成了伤害，却又继续对受害人的幸福和境况视而不见时，继续投入巨大的资源对他们进行起诉、囚禁和监管。罪犯司法系统每年花费成百亿美元，徒劳无功地试图“改造”或“再社会化”心理变态者以及其他劣迹斑斑的惯犯。但是这些术语——它们深受政治家与监狱管理者的欢迎——比起流行语好不了多少。我们不得不学会如何使他们完成社会化，而不是对其进行再社会化。这需要在研究和早期干预中付出艰辛的努力。

如果我们无法解开心理变态的致命秘密，那么我们将会付出高额的社会和经济代价。继续寻求解决之道势在必行。

图书在版编目（CIP）数据

黑尔变态心理学 /（加）罗伯特·D.黑尔（Robert D. Hare）著；刘毅译. --重庆：重庆大学出版社，2019.8

（心理自助系列）

书名原文：Without Conscience : The Disturbing World of the Psychopaths Among Us

ISBN 978-7-5689-1568-7

Ⅰ. ①黑…　Ⅱ. ①罗… ②刘…　Ⅲ. ①变态心理学　Ⅳ. ①B846

中国版本图书馆CIP数据核字（2019）第137624号

黑尔变态心理学
HEIER BIANTAI XINLIXUE

［加］罗伯特·D.黑尔（Robert D. Hare）　著
刘　毅　译

鹿鸣心理策划人：王　斌
责任编辑：敬　京
责任校对：谢　芳
封面设计：黄　浩

重庆大学出版社出版发行
出版人：饶帮华
社址：（401331）重庆市沙坪坝区大学城西路21号
网址：http://www.cqup.com.cn
重庆市国丰印务有限责任公司印刷

开本：787mm × 1092mm　1/ 16　印张：19　字数：199千　插页：16开1页
2019年8月第1版　　2019年8月第1次印刷
ISBN 978-7-5689-1568-7　定价：78.00 元

Without Conscience : The Disturbing World of the Psychopaths Among Us

by Robert D. Hare, phD

版贸核渝字（2018）第143号